CONTENTS

SISTEMA NERVOSO, NEURONI, NEVROGLIA, SINAPSI, NEUROTRASMETTITORI, DIVISIONI DEL S.N. — 4

STRUTTURA DEL NEURONE — 6

SISTEMA NERVOSO. GENERALITA' — 20

IL SISTEMA NERVOSO CENTRALE — 29

SISTEMA NERVOSO PERIFERICO — 47

APPENDICE NERVO VAGO — 62

ALCUNI LIBRI PUBBLICATI SU AMAZON — 70

DR. GABRIELE BURACCHI

Corso di Anatomia e Fisiologia Umana

Sesto volume

A cura del Dr. Gabriele Buracchi
Nutrizionista e Psicologo

SISTEMA NERVOSO, NEURONI, NEVROGLIA, SINAPSI, NEUROTRASMETTITORI, DIVISIONI DEL S.N.

PREMESSA

Ad un organismo, per funzionare, occorre una "**centrale di controllo**" che coordini tutte le attività, raccolga le informazioni, le elabori, le colleghi, le memorizzi ed invii adeguate risposte.

La centrale di controllo è il Cervello, mentre le informazioni viaggiano lungo le **CELLULE NERVOSE**.

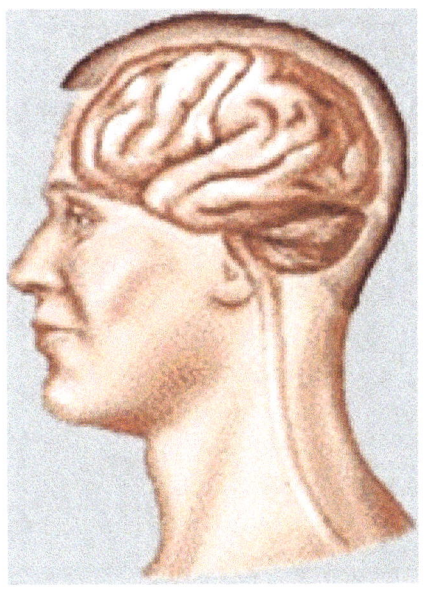

Il lavoro del cervello e dell'intero sistema nervoso è continuo: pur dormendo, infatti, grazie alla loro attività, il cuore continua a battere, i polmoni a respirare, il cibo ad essere digerito ecc.

TESSUTO NERVOSO: è formato da cellule dette *neuroni*, cui si associano altre cellule di supporto. I neuroni sono cellule super specializzate, capaci di trasmettere a distanza stimoli di natura elettrica.

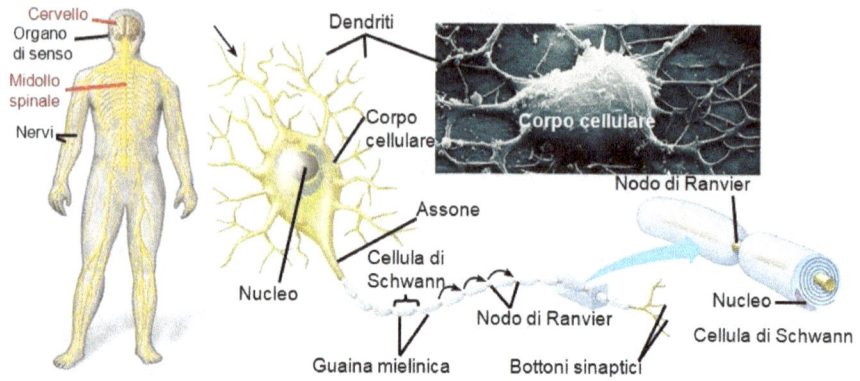

Il tessuto nervoso forma la struttura di tutti gli organi del *sistema nervoso*.

Anche gli *organi di senso* si originano da neuroni modificati.

STRUTTURA DEL NEURONE

La classificazione morfologica del neurone si basa sul numero di neuriti, cioè i prolungamenti. **Si parla così di neuroni monopolari, bipolari o multipolari.**
Questa classificazione è meglio spiegata poco oltre.
Comunque la diversa morfologia dipende dalla zona del sistema nervoso di cui fa parte la cellula e quindi alla funzione che essa svolge.

I **Neuroni monopolari** sono diffusi nelle zone periferiche del corpo e svolgono essenzialmente compiti di tipo sensoriale.
Hanno un solo neurite che si diparte dal soma e si divide in due lunghi processi, uno centrale (che porta verso SNC) e uno periferico (che si allontana da SNC).

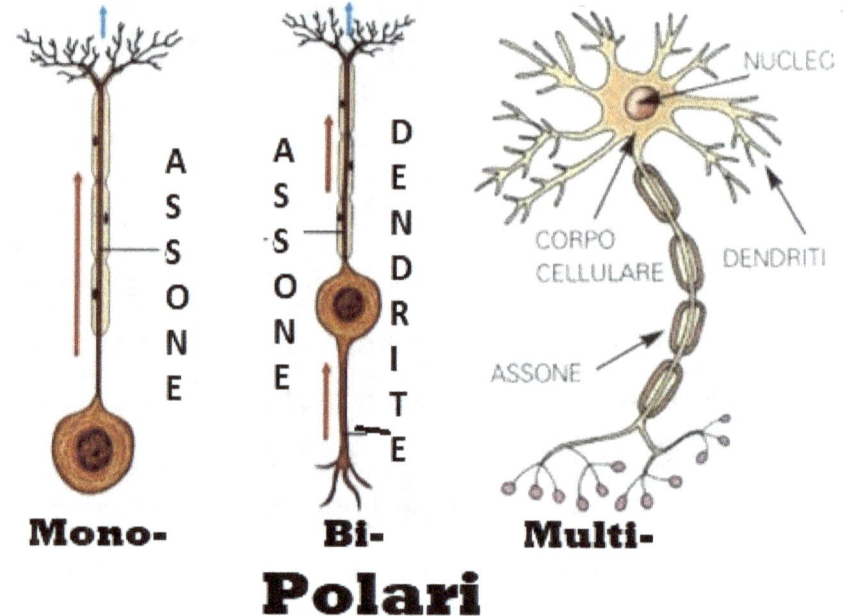

I **neuroni bipolari** hanno due neuriti con funzione diversa: uno convoglia i segnali verso il soma (segnali di "input" alla cellula) e l'altro conduce gli impulsi generati dalla cellula stessa ("output" del neurone).

Sono presenti nella retina e nell'epitelio olfattivo.
I neuroni multipolari sono i più diffusi in quanto presenti sia nel sistema nervoso centrale che in quello periferico.

Sono caratterizzati da un elevato numero di processi ramificati chiamati dendriti e da un lungo singolo processo, detto **assone**, che termina con un ramificato sviluppo arboreo.

Lungo l'assone sono trasmessi gli impulsi nervosi.

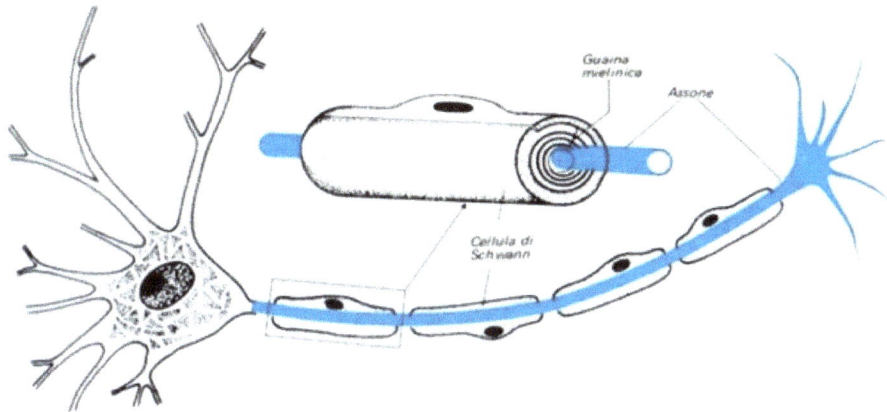

Gli assoni delle cellule del sistema nervoso periferico sono ricoperti da una guaina mielinica, un involucro protettivo, formato da una lunga catena di Cellule di Schwann: questo sistema garantisce la propagazione degli impulsi elettrici (*Spike*) lungo l'assone, con una velocità di circa 100 m/s.

Si definisce frequenza di scarica o frequenza d'innervazione del neurone, il numero di Spike al secondo, (Fi = Spike/s).

Esistono tre tipi di neuroni:

1. **Neuroni sensoriali**: partecipano all'acquisizione di stimoli, trasportando le informazioni dagli organi sensoriali al sistema nervoso centrale

2. **Interneuroni**: all'interno del sistema centrale, integrano i dati forniti dai neuroni sensoriali e li trasmettono ai neuroni motori (*Motoneuroni*).

3. **Motoneuroni:** trasmettono i messaggi alle cellule effettrici

LE SINAPSI

I neuroni che trasmettono gli impulsi non entrano veramente in contatto con i neuroni verso i quali tali impulsi sono destinati.
Il piccolo intervallo tra l'assone di un neurone e i dendriti o corpo cellulare del neurone successivo è detto **sinapsi.**

I neurotrasmettitori, di cui si parla oltre, sono i trasportatori delle informazioni lungo il sistema delle cosiddette sinapsi chimiche.

In neurobiologia la parola **SINAPSI** o giunzione sinaptica, indica i siti di contatto funzionale tra due neuroni o tra un neurone e un altro tipo di cellula come una cellula muscolare o una cellula ghiandolare.

La sua funzione è quelladi trasmettere informazioni tra

le cellule coinvolte, al fine di produrre la giusta risposta, come ad esempio la contrazione di un muscolo.

Il sistema nervoso comprende due tipi diversi di Sinapsi:

Sinapsi elettriche.
la comunicazione delle informazioni dipende dal fluire di correnti elettriche attraverso le due cellule coinvolte.

Sinapsi chimiche.
La comunicazione delle informazioni dipende dal passaggio di neurotrasmettitori attraverso le due cellule interessate.
Una classica sinapsi chimica presenta 3 componenti fondamentali, **poste in serie, cioè in successione.**

1) **Terminale pre-sinaptico** del neurone da cui arrivano le informazioni nervose.
Questo neurone è chiamato anche neurone pre-sinaptico.

2) **Spazio sinaptico**, cioè lo spazio che separa le due cellule protagoniste della sinapsi.
Posto fuori delle membrane cellulari, ha un'area di estensione di circa 20-40 nanometri.

3) **Membrana post-sinaptica** del neurone, appartenente alla cellula muscolare o ghiandolare cui devono arrivare le informazioni nervose.

Sia che si tratti di un neurone, di una cellula muscolare o di una cellula ghiandolare, l'unità cellulare a cui appartiene la membrana post-sinaptica è chiamata elemento post-sinaptico.

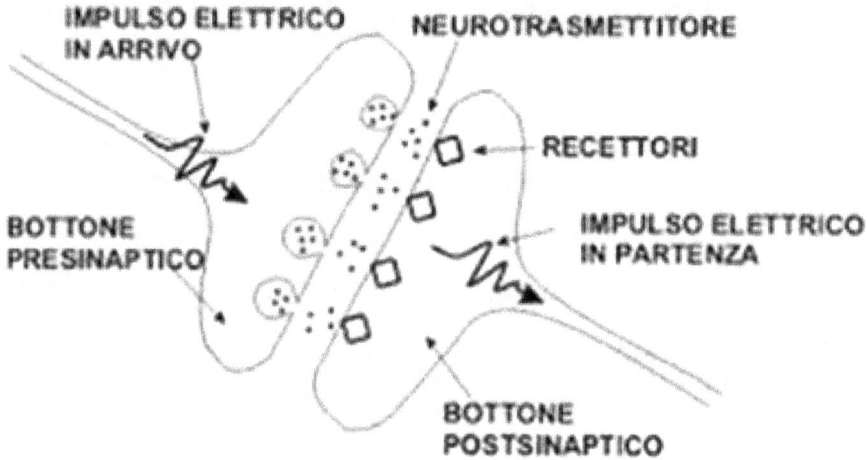

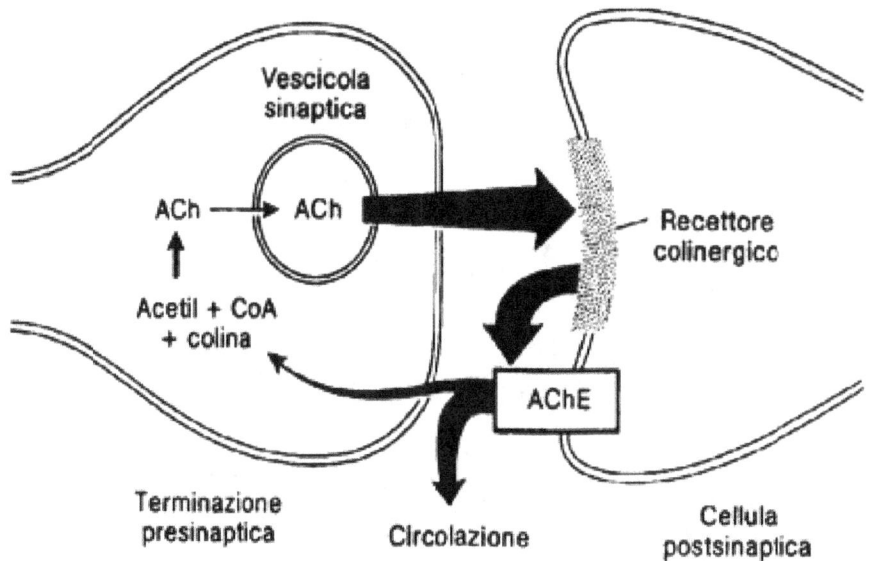

La sinapsi chimica che unisce un neurone ad una cellula muscolare è chiamata anche **giunzione neuromuscolare o placca motrice.**

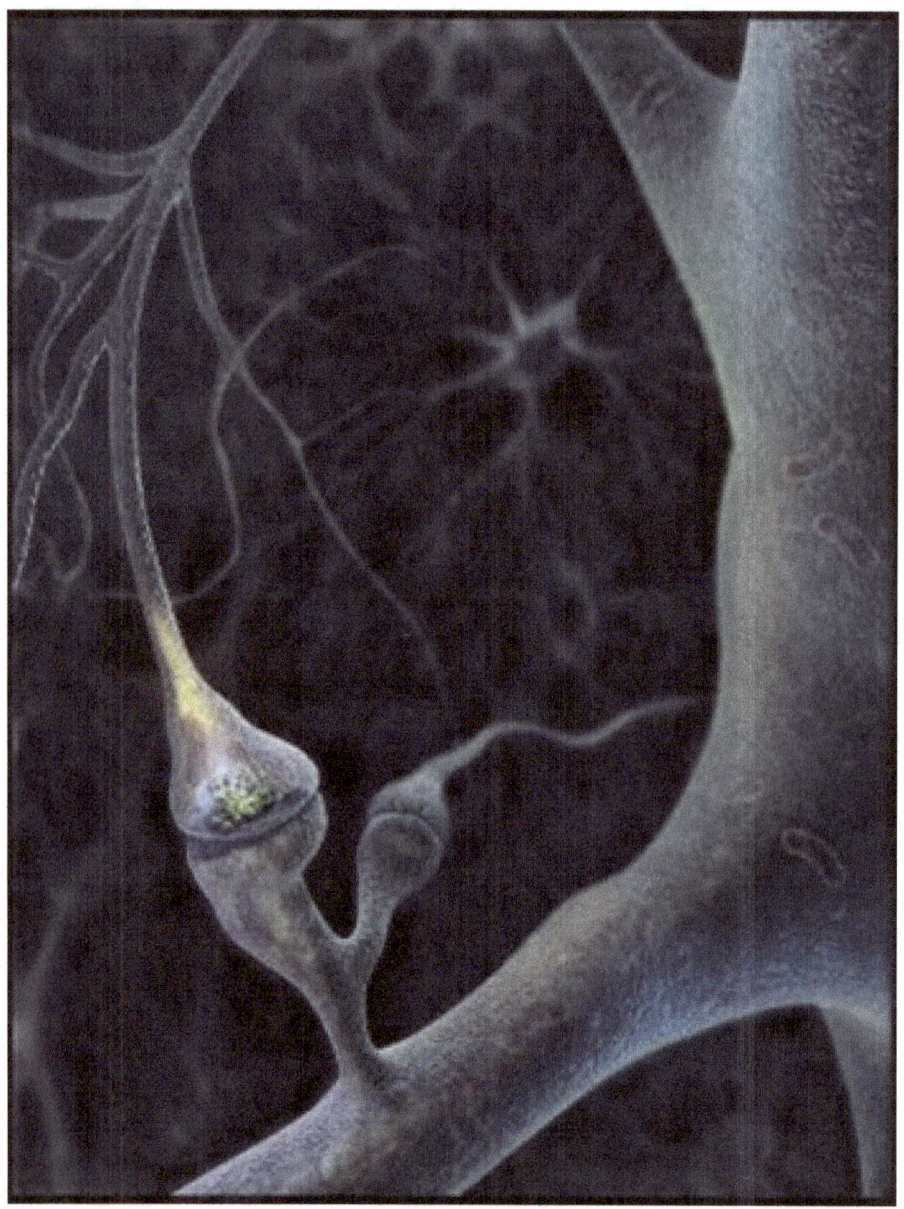

Le sinapsi chimiche sono **unidirezionali** ed hanno un certo ritardo nella trasmissione del segnale elettrico (da 0.3 ms a qualche ms).

Quando l'impulso nervoso arriva al bottone sinaptico, le vescicole che contiene, ricche di messaggeri chimici (**neurotrasmettitori**), si fondono con la membrana cellulare e così liberano il proprio contenuto nella fessura sinaptica.

I neurotrasmettitori vengono quindi recepiti dai recettori specifici collocati sulla membrana postsinaptica, modificandone la permeabilità al passaggio di ioni.

In questo modo si genera un potenziale post-sinaptico **depolarizzante** (apertura dei canali ionici, con risultante eccitazione) oppure **iperpolarizzante** (chiusura dei canali ionici, con risultante inibizione).

Quando il segnale è stato trasmesso, il neurotrasmettitore presente nello spazio intersinaptico viene quindi **riassorbito** dalla terminazione presinaptica o degradato grazie ad enzimi specifici presenti nella fessura della sinapsi.

Una ridotta percentuale può anche diffondere fuori dalla fessura ed entrare, ad esempio, nel circolo sanguigno.

Tanto i neurotrasmettitori quanto gli enzimi proteici necessari per il metabolismo, devono venire sintetizzati dal soma dato che il terminale assonale che partecipa alla sinapsi non ha gli organuli necessari per la sintesi proteica.

CELLULE DI NEVROGLIA

Nel sistema nervoso (centrale, periferico e autonomo) vi è una categoria di cellule non nervose indicate come **NEVROGLIA (o glia).**

La nevroglia ha diverse funzioni:

1) Funzione di sostegno e trofica.

2) Riparazione di lesioni del sistema nervoso centrale.

3) Modulazione della trasmissione dell'impulso nervoso.

NEUROTRASMETTITORI

I neurotrasmettitori sono dei *messaggeri chimici endogeni,* utilizzati dalle cellule del sistema nervoso, cioè i neuroni, per comunicare tra loro o per stimolare le cellule di tipo muscolare o ghiandolare.
Agiscono a livello delle sinapsi chimiche.
Esistono varie categorie di neurotrasmettitori:
1) gli aminoacidi
2) le monoamine
3) i peptidi

4) le amine "traccia"
5) le purine
6) i gas ecc.

Tra i più noti ricordo la dopammina, l'acetilcolina, il glutammato, il GABA e la serotonina.
Cosa sono?
Sono sostanze chimiche usate dai neuroni – cioè le cellule del sistema nervoso – per comunicare tra di loro, per agire sulle cellule muscolari o per stimolare una risposta da parte delle cellule ghiandolari.

Fino agli inizi del XX secolo, gli studiosi ritenevano che la comunicazione tra neuroni e tra i neuroni e le cellule di altro genere come quelle muscolari o secretorie, avvenisse, esclusivamente, attraverso le sinapsi elettriche.

Si cominciò a pensare ad un'altra modalità di comunicazione quando i ricercatori scoprirono il cosiddetto *spazio sinaptico.*

Nel 1921 Otto Loewi ipotizzò che lo spazio sinaptico potesse servire ai neuroni per rilasciarvi dei messaggeri di tipo chimico.

Grazie ai suoi esperimenti sulla regolazione nervosa dell'attività cardiaca, Loewi divenne lo scopritore del primo neurotrasmettitore conosciuto: l'**acetilcolina**.

Nei **neuroni pre-sinaptici**, i neurotrasmettitori stanno dentro piccole vescicole intracellulari.

Si possono paragonare queste vescicole intercellulari a delle sacche, delimitate da un doppio strato di fosfolipidi simile, per vari aspetti, al doppio strato fosfolipidico della membrana plasmatica di una generica cellula eucariote sana.

Fintanto che restano all'interno delle vescicole intracellulari, i neurotrasmettitori sono per così dire inerti e non producono risposta alcuna.

I principali neurotrasmettitori e le loro funzioni

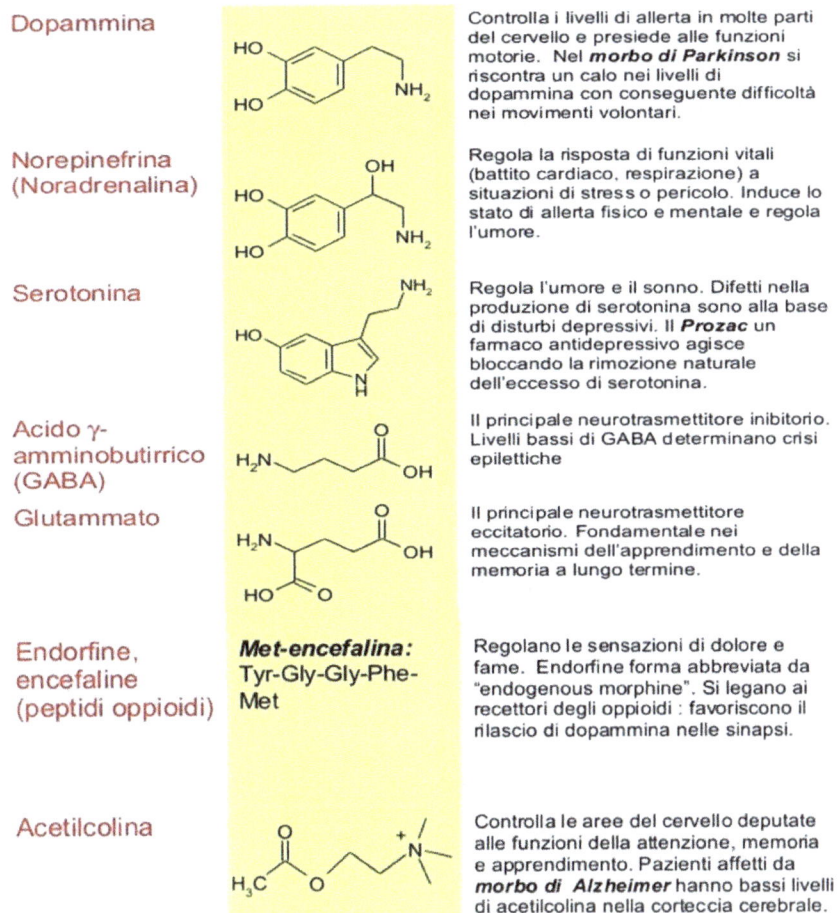

Dopammina		Controlla i livelli di allerta in molte parti del cervello e presiede alle funzioni motorie. Nel **morbo di Parkinson** si riscontra un calo nei livelli di dopammina con conseguente difficoltà nei movimenti volontari.
Norepinefrina (Noradrenalina)		Regola la risposta di funzioni vitali (battito cardiaco, respirazione) a situazioni di stress o pericolo. Induce lo stato di allerta fisico e mentale e regola l'umore.
Serotonina		Regola l'umore e il sonno. Difetti nella produzione di serotonina sono alla base di disturbi depressivi. Il **Prozac** un farmaco antidepressivo agisce bloccando la rimozione naturale dell'eccesso di serotonina.
Acido γ-amminobutirrico (GABA)		Il principale neurotrasmettitore inibitorio. Livelli bassi di GABA determinano crisi epilettiche
Glutammato		Il principale neurotrasmettitore eccitatorio. Fondamentale nei meccanismi dell'apprendimento e della memoria a lungo termine.
Endorfine, encefaline (peptidi oppioidi)	**Met-encefalina:** Tyr-Gly-Gly-Phe-Met	Regolano le sensazioni di dolore e fame. Endorfine forma abbreviata da "endogenous morphine". Si legano ai recettori degli oppioidi : favoriscono il rilascio di dopammina nelle sinapsi.
Acetilcolina		Controlla le aree del cervello deputate alle funzioni della attenzione, memoria e apprendimento. Pazienti affetti da **morbo di Alzheimer** hanno bassi livelli di acetilcolina nella corteccia cerebrale.

COME SI SUDDIVIDE IL SISTEMA NERVOSO

Suddivisioni del Sistema Nervoso

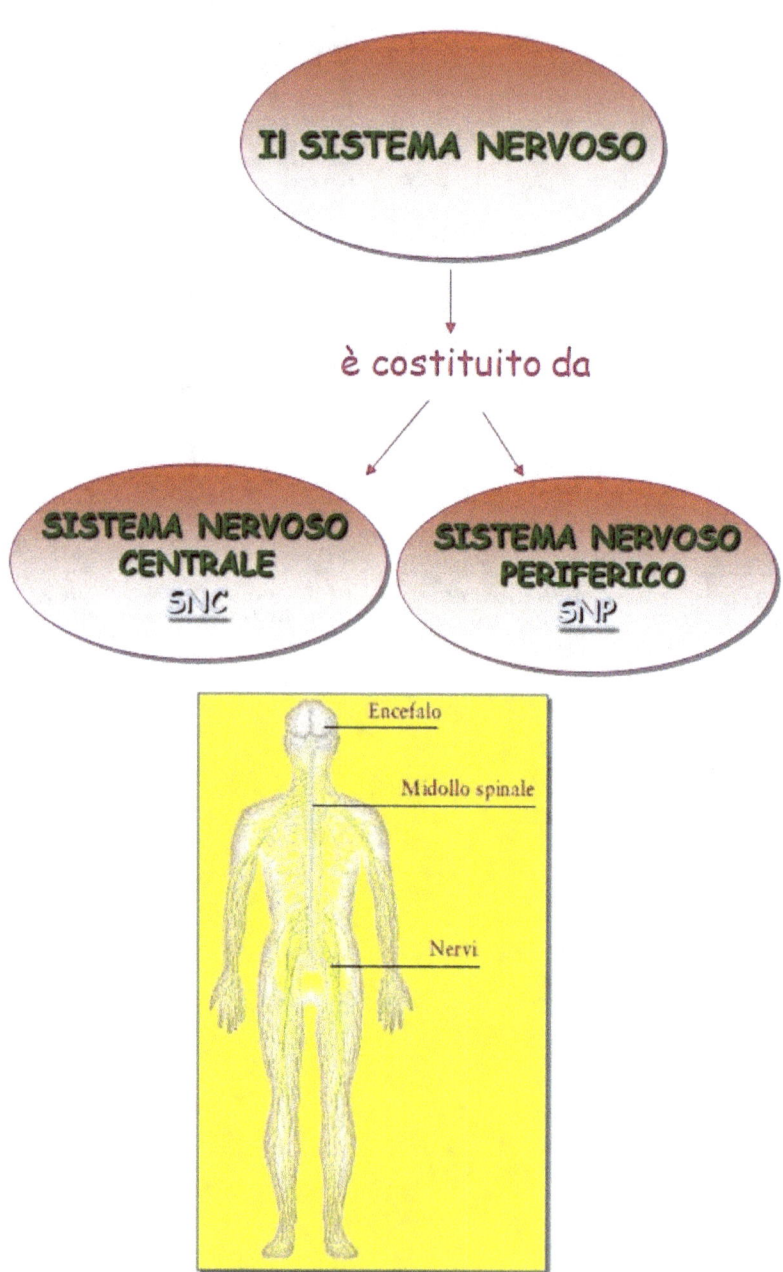

SISTEMA NERVOSO. GENERALITA'

Il sistema nervoso è organizzato anatomicamente in:

Sistema Nervoso Centrale (SNC) comprende il cervello e il midollo spinale.

Sistema Nervoso Periferico (SNP) comprende i nervi cranici che derivano dal cervello e i nervi spinali emergenti dal midollo spinale con i gangli.

Nell'uomo adulto, il cervello pesa mediamente da 1,3 a 1,4 Kg.
Il cervello contiene circa 100 bilioni* di cellule nervose (neuroni) e trilioni** di "cellule di supporto", chiamate **glia**.

Il midollo spinale è lungo circa 43 cm nella donna adulta e 45 cm nell'uomo adulto e pesa circa 35-40 g.

La colonna vertebrale, la serie di ossa (della schiena) che ospita il midollo spinale, è lunga circa 70 cm, così che il midollo spinale è molto più corto della colonna vertebrale.

Nota.

(*) Un bilione equivale a 1.000.000.000.000, o 10^{12}

(**) Un trilione equivale a 1.000.000.000.000.000.000 o 10^{18}

Si parla del tessuto nervose e dei neuroni, suoi costituenti principali ma non unici, nel volume 1 della collana.

Qui l'argomento viene approfondito e dettagliato prima di parlare dell'SNC e dell'SNP.

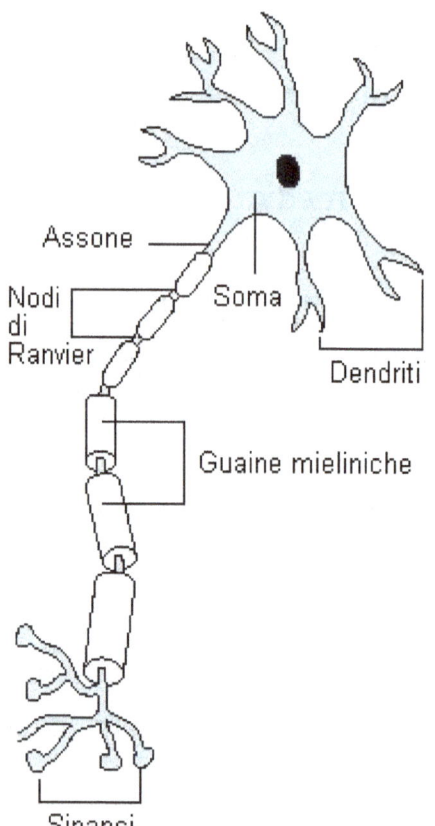

Neuroni:

Cosa sono, a cosa servono e classificazione

I neuroni sono le cellule responsabili di ricevere e trasmettere gli impulsi nervosi da e verso il SNC.

Possono essere divisi in tre zone:

Corpo cellulare o soma

Prolungamenti detti dendriti

Unico prolungamento detto neurite o assone

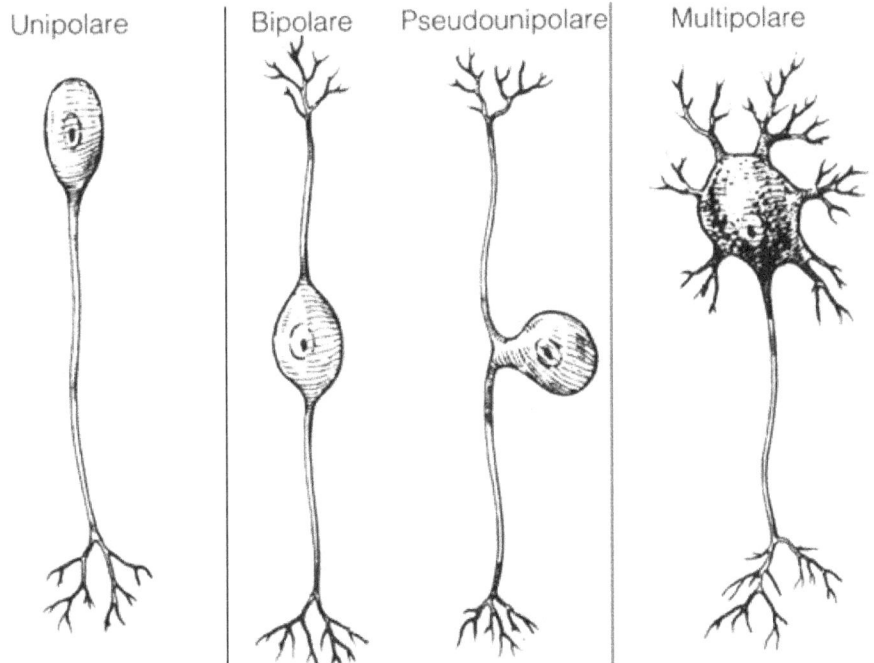

I neuroni sono classificati in 4 tipi in base alla loro forma:
Neuroni unipolari (possiedono un unico prolungamento e sono molto rari nei vertebrati).
Neuroni bipolari (presentano un singolo assone e un singolo dendrite. Si trovano nell'epitelio olfattivo della mucosa nasale)
Neuroni pseudounipolari (presentano un unico prolungamento che parte dal soma, dopo un breve tratto si biforca in due rami disposti a T, uno che entra nel SNC e l'altro che raggiunge la periferia)
Neuroni multipolari (dotati di più prolungamenti uno

dei quali è l'assone e gli altri i dendriti).

O classificati sulla base della loro funzione:

Neuroni sensitivi (afferenti), sono specializzati nella ricezione di impulsi sensoriali sulla loro terminazione dendritica e a trasmetterli al SNC per la elaborazione;
Neuroni motori o motoneuroni (efferenti), si originano dal SNC e portano gli impulsi ai vari organi e cellule, muscolari, ghiandolari e altre cellule nervose.
Nel SNC si trovano gli **Interneuroni** che servono a collegare e integrare le cellule nervose sensitive e motorie per formare una rete di circuiti nervosi.
Il loro numero è stato elevato dall'evoluzione del sistema nervoso.

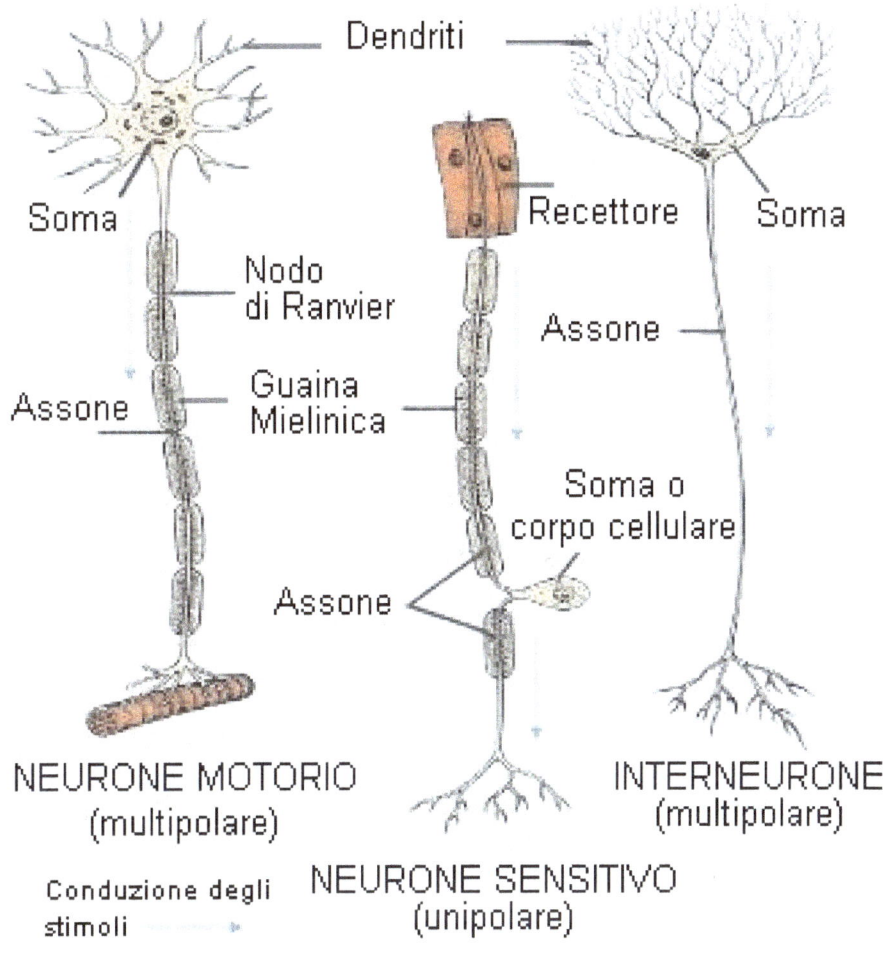

Nervi: cosa sono e a cosa servono

Le fibre nervose consistono di assoni neuronali avvolti da particolari guaine di origine ectodermica.

Gruppi di fibre nervose costituiscono i fasci dell'encefalo e del midollo spinale e i nervi periferici.

Si trovano differenze nelle guaine che avvolgono gli

assoni a seconda che le fibre facciano parte del SNC o del SNP.

Nel tessuto nervoso adulto la maggior parte degli assoni è avvolta da pieghe singole o multiple di una cellula di rivestimento inguainante, rappresentata dalla **cellula di Schwann** nelle fibre del SNP e dall'**oligodendrocito** nelle fibre dl SNC.

Notiamo che negli invertebrati e nei vertebrati minori gli assoni si possono rigenerare dopo una rottura traumatica mentre nei mammiferi il fenomeno è meno comune ed è ristretto ai nervi periferici.

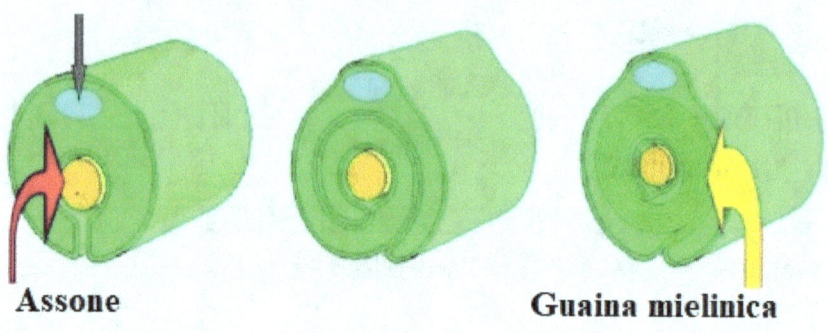

Le cellule di **Schwann** sono le maggiori responsabili di questa rigenerazione.

La funzione metabolica e il supporto dei neuroni è svolta dalle *cellule di nevroglia* dette anche cellule gliali.

Queste cellule sono in grado di recuperare gli ioni e i prodotti del metabolismo dei neuroni, come potassio, glutammato e altro che si accumula attorno ai neuroni. Partecipano al metabolismo energetico dei neuroni liberando glucosio dai loro depositi di glicogeno.

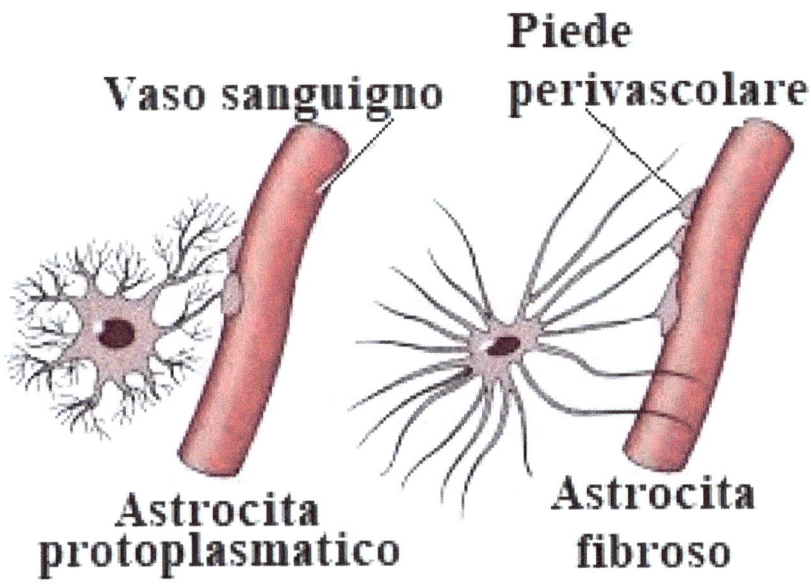

Gli Astrociti nelle zone periferiche del SNC formano uno strato cellulare continuo attorno ai vasi sanguigni costituendo probabilmente la barriera emato-encefalica.

Barriera emato-encefalica: Cosa è, cosa fa.
Come detto sopra, la barriera emato-encefalica è probabilmente costituita dalla stratificazione degli astrociti.
La barriera emato-encefalica è semipermeabile, si lascia attraversare da alcune sostanze, ma non da altre.

Nelle maggior parte del corpo, i vasi ematici più piccoli, i capillari, sono ricoperti soltanto da cellule endoteliali.

Di solito fra le cellule endoteliali esistono piccoli spazi che consentono a molte sostanze di muoversi facilmente attraverso la parete dei capillari stessi.

Ma, nel cervello, le cellule endoteliali sono fortemente connesse le une alle altre, formando i complessi di giunzione, così le varie sostanze non possono attraversare la parete capillare.

Le cellule gliali (astrociti) sono disposte a formare uno strato continuo intorno ai capillari cerebrali.

Sembra, però, che gli astrociti non siano essenziali per costituire la barriera emato-encefalica, ma servirebbero al trasporto degli ioni dal cervello al sangue.

La barriera E.E. svolge le seguenti funzioni:

Protegge il cervello da "sostanze estranee" presenti nel sangue, che potrebbero danneggiarlo.

Protegge il cervello da ormoni e neurotrasmettitori liberati per agire in altre parti del corpo.

Mantiene un ambiente costante per il cervello.

Proprietà generali della Barriera E.E.:

Le grosse molecole non superano la barriera.
Le molecole scarsamente solubili nei lipidi non entrano nel cervello.
Le molecole solubili nei lipidi (come i barbiturici e l'alcool) attraversano, invece, molto bene la barriera.
Le molecole con elevata carica elettrica sono rallentate.

La barriera emato-encefalica può essere annullata o ridotta dalle seguenti cause:
Sviluppo: la barriera non è completamente formata alla nascita.
Ipertensione.
Iperosmolarità: una sostanza presente nel sangue ad elevata concentrazione può attraversarla.
Microonde.
Radiazioni.
Infezioni.
Traumi, Ischemia, Infiammazioni.

Risulta quindi chiaro quali sono i fattori avversi da cui guardarsi.

IL SISTEMA NERVOSO CENTRALE

Il Sistema Nervoso Centrale (SNC) svolge la funzione di controllo per l'intero organismo e si suddivide in Encefalo e Midollo Spinale.

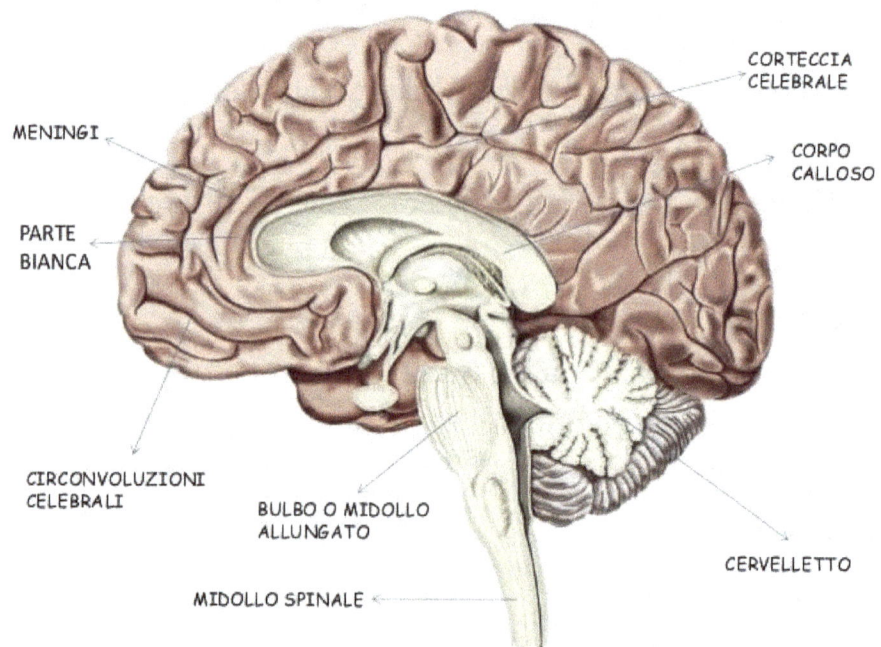

Encefalo e parte del midollo spinale

L' ENCEFALO, a sua volta, è costituito da:
CERVELLO, CERVELLETTO e dal BULBO o MIDOLLO ALLUNGATO.

L'encefalo (cervello, cervelletto e midollo allungato) e il midollo spinale sono avvolti da tre membrane sovrapposte: **LE MENINGI**

Vi è, inoltre, una protezione ossea grazie alla **SCATOLA CRANICA** e alla **COLONNA VERTEBRALE**.

Le meningi sono tre.
Partendo dalla più esterna:

Dura Madre

Aracnoide

Pia Madre

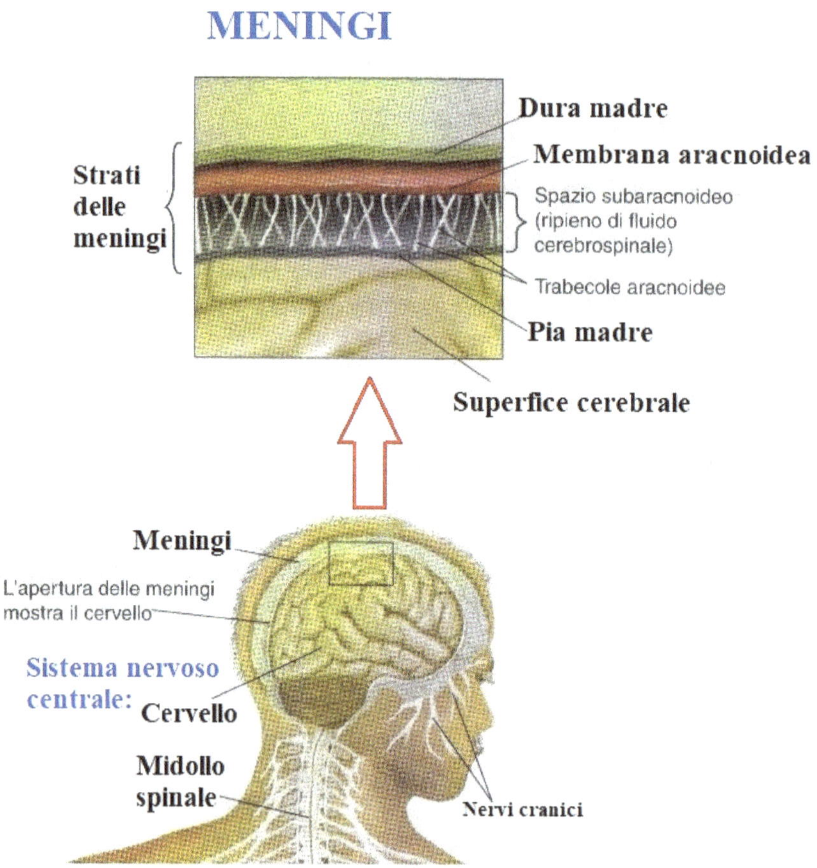

MENINGI

- **Dura madre**
- **Membrana aracnoidea**
- Spazio subaracnoideo (ripieno di fluido cerebrospinale)
- Trabecole aracnoidee
- **Pia madre**
- **Superfice cerebrale**

Strati delle meningi

Meningi
L'apertura delle meningi mostra il cervello
Sistema nervoso centrale: Cervello
Midollo spinale
Nervi cranici

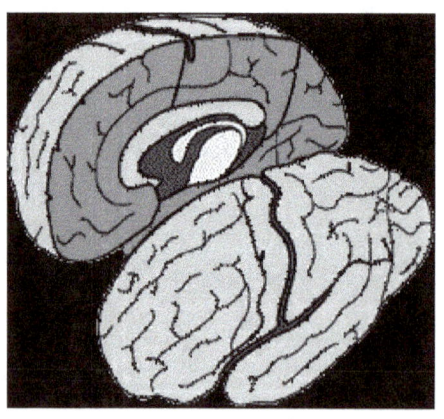

Pur con competenze distinte, i due emisferi lavorano insieme.

Nel cervello, infatti, aree diverse coordinano funzioni differenti:

alcune il movimento, altre il ragionamento, altre ancora la memoria, l'apprendimento.

SEBBENE IL CERVELLO ABBIA UNA STRUTTURA SIMMETRICA, CON 2 EMISFERI DOTATI DI AREE MOTORIE E SENSORIALI CORRISPONDENTI, ALCUNE FUNZIONI INTELLETTIVE SONO *LIMITATE A UN SOLO EMISFERO.*

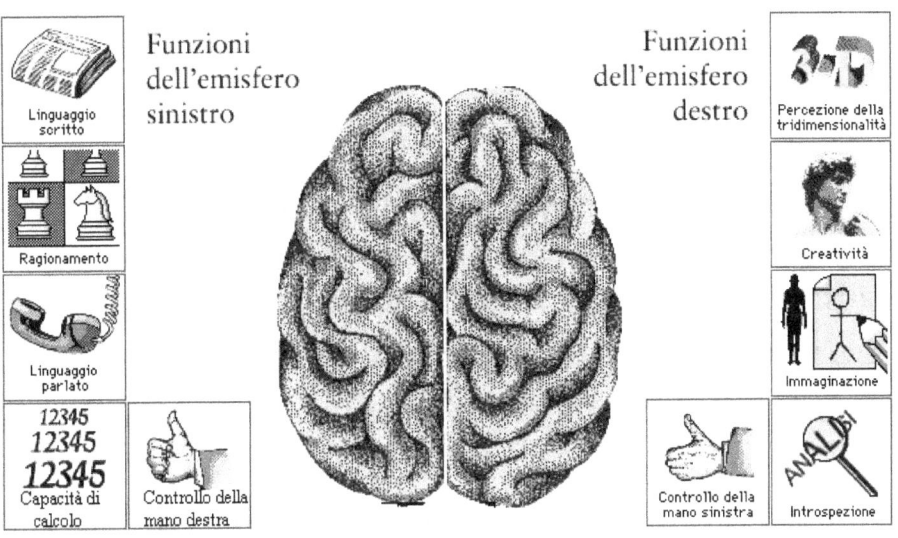

La superficie del cervello è formata da **sostanza grigia** detta **corteccia cerebrale**, *costituita da corpi cellulari di neuroni.*
Al di sotto di essa vi è la sostanza bianca, costituita da assoni e da dendriti.

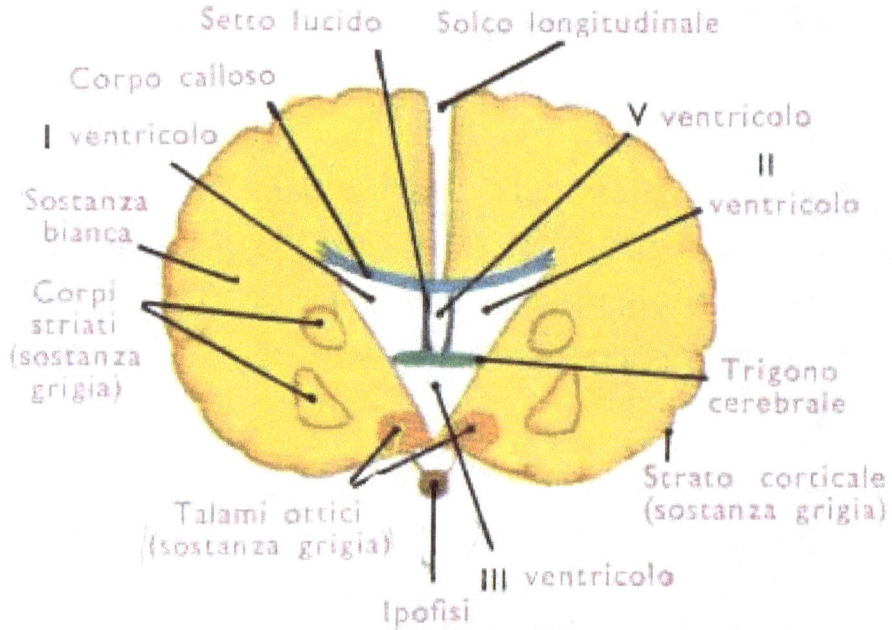

Cervello in sezione all'altezza dell'Ipofisi

La corteccia cerebrale non è liscia ma circonvoluta: le pieghettature sono dette appunto **circonvoluzioni.**
Gli spazi fra una circonvoluzione e l'altra sono dette **scissure o solchi.**
La corteccia cerebrale è divisa in **lobi** che assumono gli stessi nomi delle ossa craniche corrispondenti.

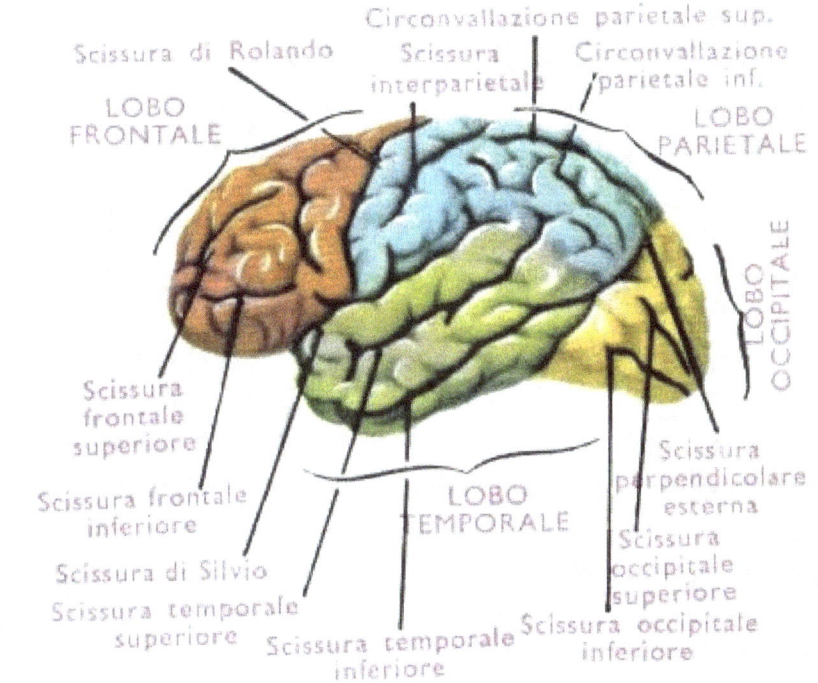

Il **Cervelletto** è situato sotto il cervello (nella parte posteriore della scatola cranica) e subito sopra il tronco encefalico, è formato anch'esso da due emisferi con diverse pieghe ed è rivestito dalla corteccia cerebellare.

Ha il compito di coordinare e regolare i movimenti volontari e l'equilibrio.

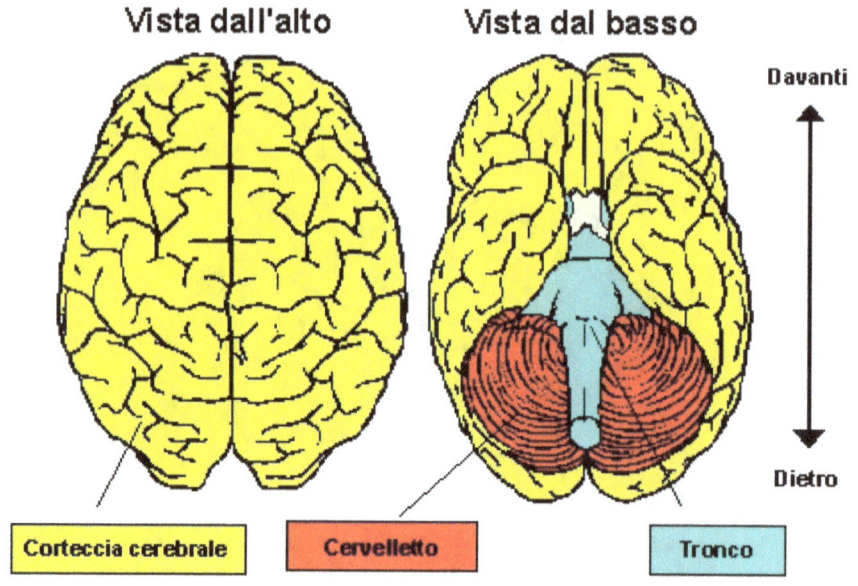

Il **Midollo Allungato** o Bulbo, si trova sotto il cervelletto e anteriormente a questo.

Collega l'encefalo al midollo spinale.

Ha il compito di controllare i muscoli involontari indispensabili alla vita, come quello cardiaco o quelli coinvolti nella respirazione.

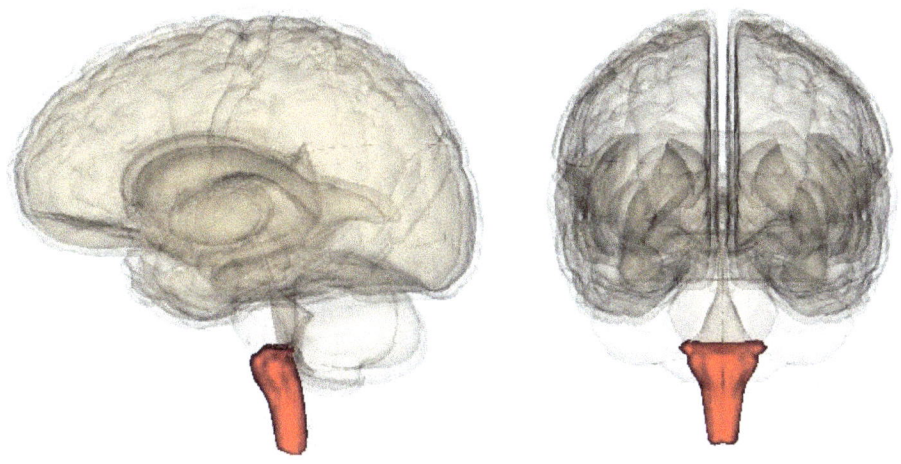

Al Midollo Allungato fa seguito il **Midollo Spinale**.

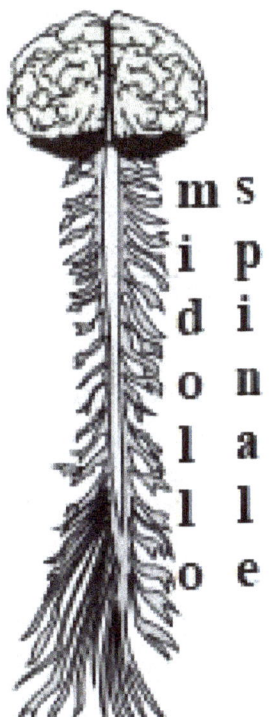

E' un cilindro del diametro approssimativo di un mignolo.

Al midollo spinale giungono gli stimoli che, provenienti dagli organi di senso, sono diretti all'encefalo.

Da esso, inoltre, partono verso i muscoli le risposte elaborate dal cervello.

È composto di sostanza grigia internamente e di sostanza bianca esternamente.

A differenza di quello che succede nel cervello, nel midollo spinale la sostanza grigia è situata all'interno di quella bianca ed ha una tipica forma ad H.

La sostanza bianca esterna è costituita da una serie di fasci di fibre mieliniche.

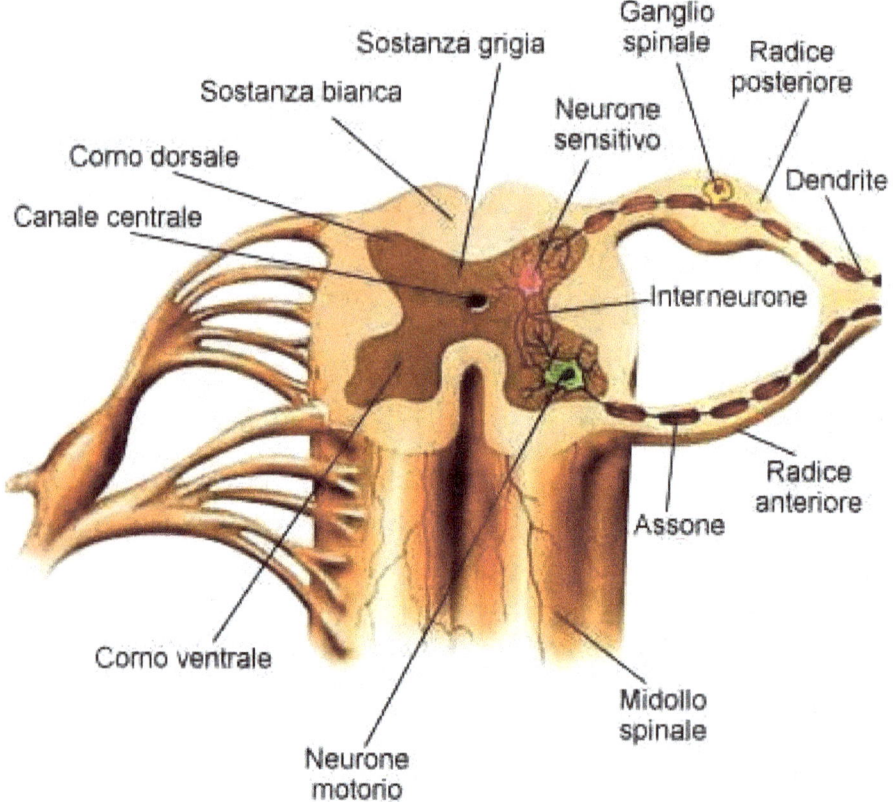

Il midollo spinale è lungo mediamente 45 centimetri nell'uomo e 43 centimetri nella donna, possiede un diametro variabile che va dai 13 millimetri della **regione cervicale** e della **regione lombosacrale** (i cosiddetti "rigonfiamenti") ai 6,4 millimetri della **regione toracica**.
Le vie o fasci *ascendenti* portano gli impulsi sensitivi al cervello.
Le vie o fasci *discendenti* portano gli impulsi motori dal cervello alla periferia.

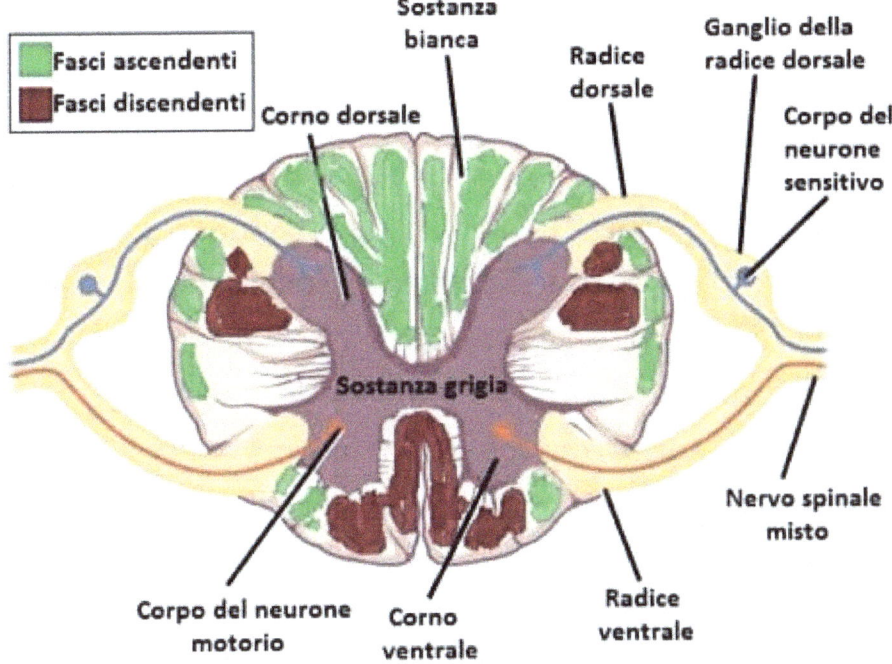

Infine troviamo il canale centrale che contiene il liquido cerebrospinale.

A ogni segmento del midollo spinale corrisponde un paio di nervi spinali.

I nervi spinali sono nervi misti, quindi possiedono funzioni sia motorie che sensitive.

(*Se ne parla nel* Sistema Nervoso Periferico)

TRONCO DELL'ENCEFALO

Le sue funzioni riguardano:

-Respiro

- **Battito cardiaco**

- Pressione del sangue

Col termine "**Tronco dell'encefalo**" si intende la parte del cervello che si trova fra il Talamo ed il Midollo Spinale.

Fra le strutture che fanno parte del tronco dell'encefalo vi sono il bulbo, il ponte, il mesencefalo, il tetto e la formazione reticolare.

Alcune di queste regioni sono responsabili delle più elementari funzioni vitali quali la respirazione, il mantenimento della frequenza cardiaca e della pressione del sangue.

ALTRE IMPORTANTI STRUTTURE ENCEFALICHE
Ipotalamo

Le sue funzioni riguardano:

- Temperatura corporea
- Emozioni
- Fame
- Sete
- Ritmi circadiani

L'Ipotalamo e' situato alla base del cervello ed e' composto da diverse regioni.

Ha le dimensioni di un pisello (pesa circa 1/300 di tutto il cervello), ma e' responsabile di aspetti importantissimi del comportamento.

Una funzione importante dell'ipotalamo e' quella di controllare la temperatura corporea.

Ad esempio: se sei troppo caldo, l'ipotalamo lo rileva ed emette segnali in grado di far dilatare i vasi cutanei, facendo sì che il sangue si raffreddi più in fretta. L'ipotalamo controlla anche l'ipofisi. Se ne parla più in dettaglio nel volume 5 di questa collana.

TALAMO

Le sue funzioni sono:

- **Integrazione sensitiva**
- **Integrazione motoria**

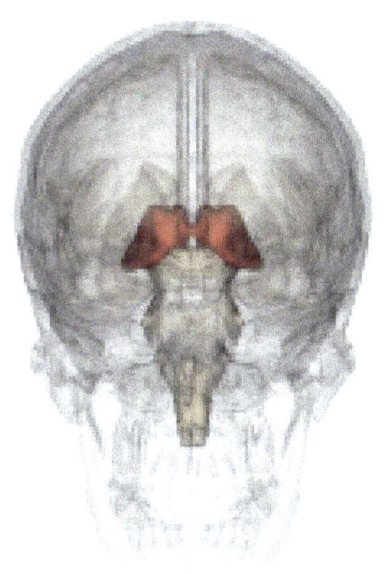

Il talamo riceve informazioni sensitive e le ritrasmette alla corteccia cerebrale.

Anche la corteccia cerebrale invia informazioni al talamo, che a sua volta le ritrasmette ad altre aree del cervello, prevalentemente alla stessa corteccia cerebrale.

SISTEMA LIMBICO

Le sue funzioni sono:

- Comportamento emotivo

Il sistema limbico e' un gruppo di strutture che comprende l'amigdala, l'ippocampo, i corpi mammillari ed il **giro del cingolo** (o cingolato).

Queste regioni sono importanti per il controllo delle risposte emotive alle situazioni esterne.

L'ippocampo e' importante anche per la memoria.

IPPOCAMPO

Le sue funzioni sono:

-Apprendimento
-Memoria

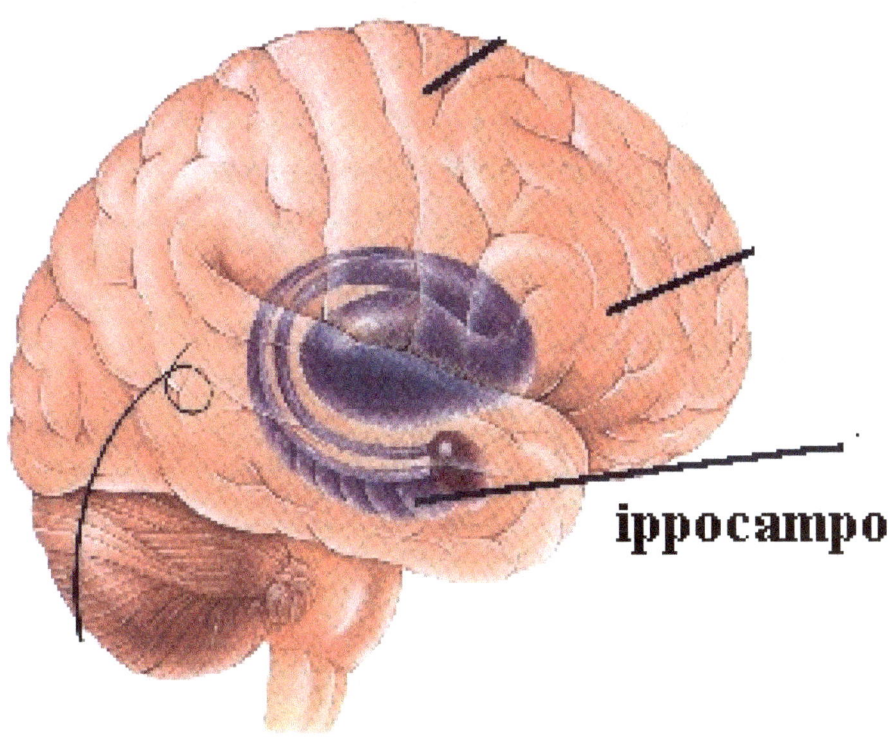

ippocampo

L'ippocampo è una parte del sistema limbico, importante per la memoria e l'apprendimento.
Ha una forma curva e convoluta, che ispirò ai primi anatomisti l'immagine di un cavalluccio marino.
Il nome, infatti, deriva dal greco: *hippos* = cavallo, *kàmpe* = bruco).

GANGLI DELLA BASE

Le sue funzioni sono:

-Movimento

I gangli della base sono un gruppo di strutture, fra

cui il **Globus Pallidus**, il **Nucleo Caudato**, il **Nucleo Subtalamico**, il **Putamen** e la **Substantia Nigra**, importanti per la coordinazione dei movimenti.
Ad di là della regolazione del movimento, le funzioni dei nuclei della base interessano anche gli aspetti motivazionali, emozionali e attentivi che guidano i movimenti finalizzati.

MESENCEFALO

Le sue funzioni sono:

-Visione

-Udito

-Movimenti oculari

-Movimenti del corpo

Il mesencefalo comprende strutture come i Collicoli superiori ed inferiori ed il Nucleo rosso.
Rappresenta un'importante tappa intermedia lungo alcuni sistemi sensitivi e motori.

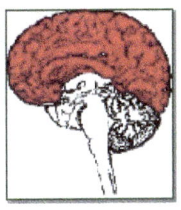
Telencefalo

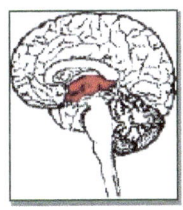
Diencefalo

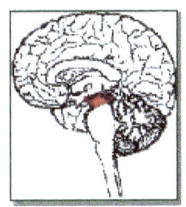
Mesencefalo

Le varie regioni del cervello

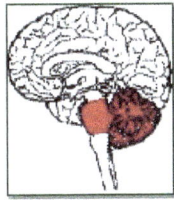
Metencefalo

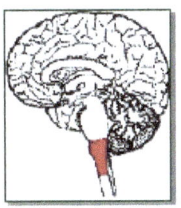
Mielencefalo

Alcune aree specializzate del cervello

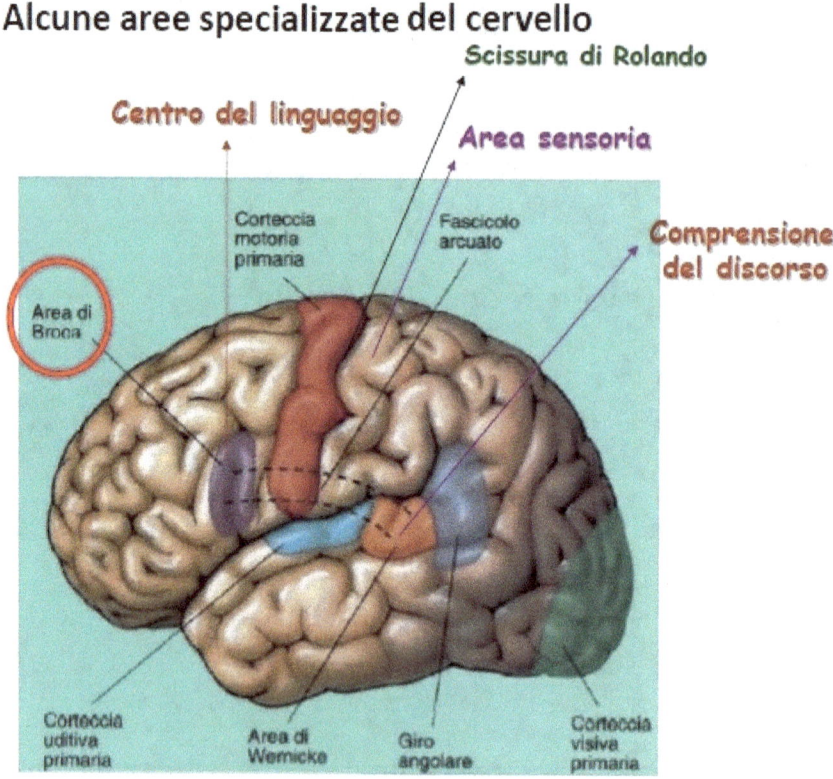

Area di Broca: interviene nella produzione e comprensione del linguaggio verbale ma anche all'interpretazione del significato delle espressioni gestuali; cioè aiuta a capire il significato di tutti quei movimenti e gesti usati per esprimere un concetto, un'intenzione ecc. in sostituzione delle parole.

Area di Wernicke. Area percettiva del linguaggio, è parte de lobo temporale ed è coinvolta nella comprensione del linguaggio.

Parte della corteccia cerebrale, è la parte posteriore dell'area di Brodmann 22, connessa all'area di Broca dal fascicolo arcuato.

Giro angolare. Coinvolto in processi legati al linguaggio, all' elaborazione dei numeri e alla cognizione spaziale, al richiamo della memoria e all'attenzione.

Fascicolo arcuato. Fascio di assoni che connette due importanti centri del linguaggio, l'area di Broca e l'area di Wernicke.

SISTEMA NERVOSO PERIFERICO

Il **Sistema Nervoso Periferico** (SNP) è costituito da **NERVI** che collegano gli organi periferici al sistema nervoso centrale.
I nervi sono suddivisi in:

NERVI CRANICI, quelli che partono dal cervello (12 paia)

NERVI SPINALI, quelli che partono dal midollo spinale (31 paia)

Insieme formano una complessa rete su cui viaggiano gli impulsi provenienti dall'esterno e le risposte elaborate dal sistema nervoso centrale.
I nervi sono formati da fasci di fibre nervose.
Il Sistema Nervoso Periferico, inoltre, può essere suddiviso in due parti:
- **SISTEMA NERVOSO SOMATICO**;
- **SISTEMA NERVOSO AUTONOMO o INVOLONTARIO.**

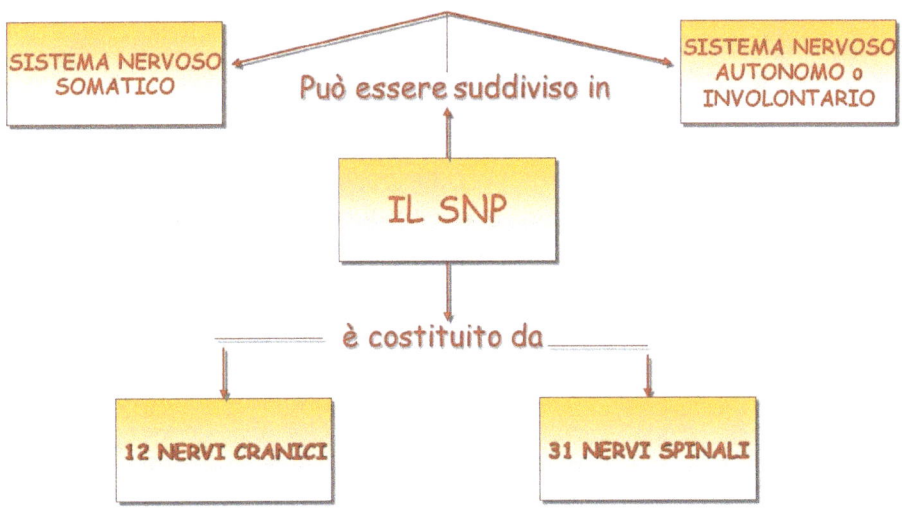

Nel Sistema Nervoso Periferico, i Neuroni possono essere funzionalmente distinti in due modi:

1	•Sensitivi (afferenti): portano informazioni dagli organi di senso VERSO il sistema nervoso centrale. •Motori (efferenti): portano informazioni FUORI dal sistema nervoso centrale (per il controllo dei muscoli).
2	•Somatici: connettono la pelle o i muscoli al sistema nervoso centrale. •Viscerali: connettono gli organi interni al sistema nervoso centrale.

Il Sistema Nervoso Somatico, detto anche volontario, controlla i muscoli scheletrici.

 E' costituito da Neuroni, che portano informazioni dai recettori all'encefalo e al midollo spinale, e da neuroni che portano informazioni dall'encefalo e dal midollo spinale ai muscoli scheletrici.

 E' costituito da 12 paia di nervi cranici e 31 paia di nervi spinali.

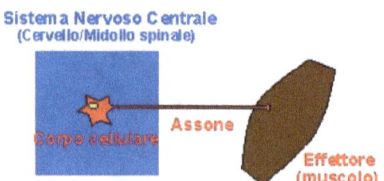

La figura a sinistra mostra l'organizzazione del Sistema Nervoso Somatico.
Il corpo cellulare si trova nel cervello o nel midollo spinale e proietta direttamente ad un muscolo scheletrico.

I nervi cranici o nervi encefalici sono un gruppo di fasci nervosi che originano direttamente dall' encefalo, più precisamente dal tronco encefalico.
Fanno parte del sistema nervoso periferico.
Vi sono **12 paia di nervi cranici (24 in totale)**, numerati

secondo la Terminologia Anatomica con **i numeri romani (I-XII)**.

Considerando la loro origine, essi sono numerati dall'alto verso il basso.

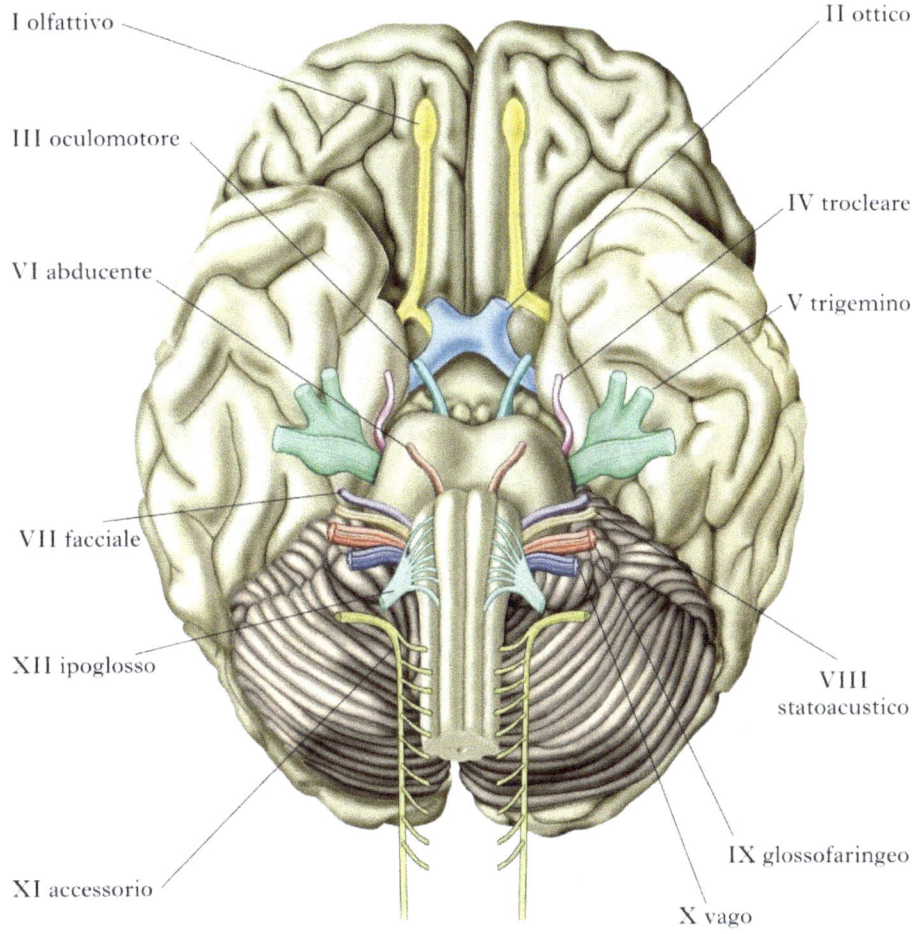

I nervi cranici si distinguono dai nervi spinali che invece originano dal midollo spinale.

ZONE ED ORGANI DI PERTINENZA DEI NERVI CRANICI.

Notare come alcuni siano solo Sensitivi come il nervo Ottico, altri solo motori come il Facciale ed altri misti

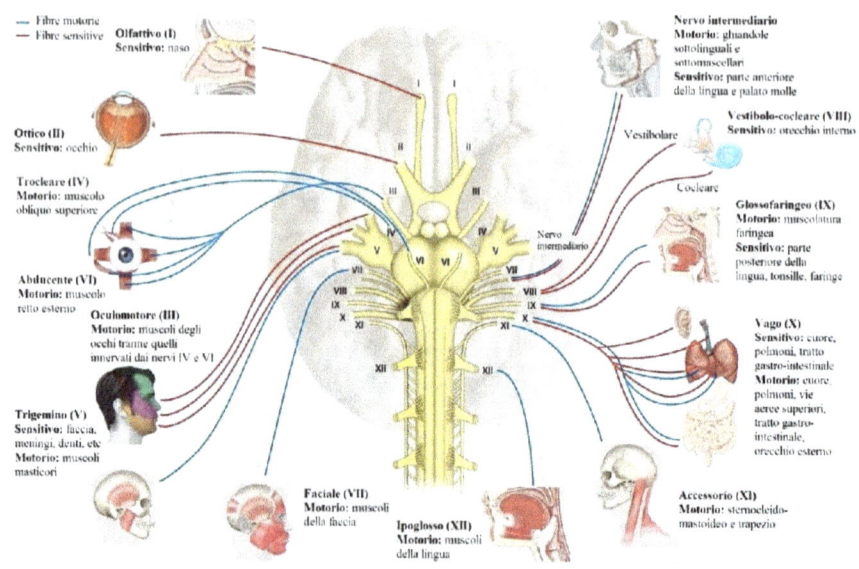

NERVI SPINALI

Tutte le parti del corpo, a eccezione del viso, del tratto gastrointestinale e di parti della muscolatura cervicale (zone innervate dai nervi cranici), sono innervate dai nervi spinali somatici (volontari).

A differenza della colonna vertebrale, il midollo spinale è dotato di 8 segmenti cervicali (invece di 7).

I 12 segmenti toracici, 5 lombari, 5 sacrali e 1-2 coccigei sono invece in numero corrispondente alle relative vertebre.

I nervi spinali cervicali fuoriescono dal foro di coniugazione superiore alla vertebra corrispondente, fatta eccezione dei due dell'VIII segmento (C8 dx e C8 sn) che escono da quello inferiore, così come accade per tutti i restanti segmenti.

Affinché ciò accada, essendo il midollo spinale più corto rispetto al canale vertebrale (a partire dal quarto mese di vita fetale il rachide si sviluppa più rapidamente del midollo spinale), le radici nervose dei segmenti lombari, sacrali e coccigei divengono sempre più distese verso il basso, formando così un fascio di sottili fibre
nervose pressoché parallele che ricordano la coda di un cavallo (da cui la denominazione di **cauda equina**).

Il sistema nervoso periferico

MIDOLLO

NERVI SPINALI

CERVICALI
3 VERTEBRE
LIBERE

CERVICALI
8 PAIA DI NERVI

DORSALI
12 VERTEBRE
DORSALI

INTERCOSTALI
DORSALI O
TORACICI
12 PAIA I
DI NERVI

LOMBARI
5 VERTEBRE
LIBERE

LOMBARI
5 PAIA
DI NERVI

SACRO
5 VERTEBRE
SALDATE

SACRALI
5 PAIA DI
NERVI

COCCIGE
3-4 VERTEBRE
SALDATE

COCCIGE
1 PAIO DI
NERVI

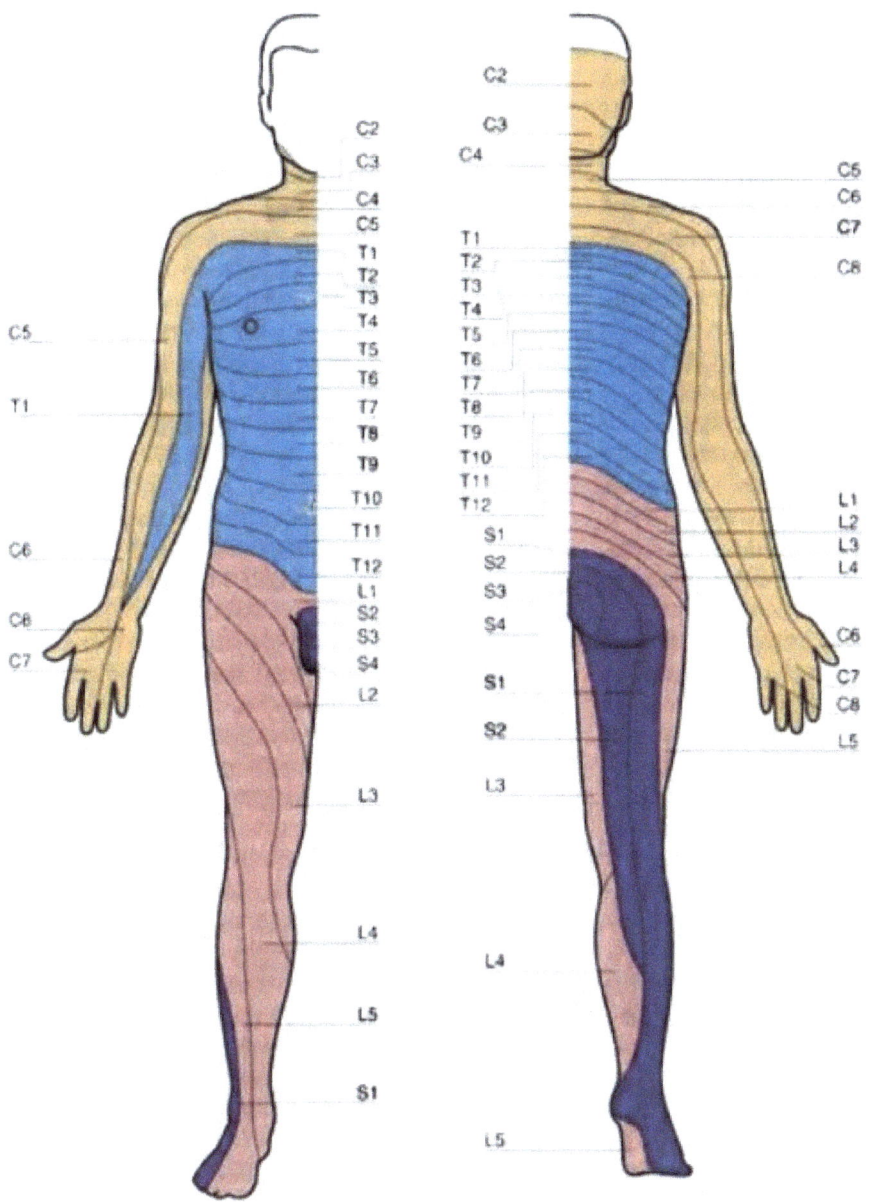

Aree del corpo innervate dai nervi spinali

Sistema Nervoso Autonomo

 Il Sistema Nervoso Autonomo controlla l'attività degli organi interni del nostro corpo che lavorano in maniera indipendente dalla nostra volontà e garantiscono funzioni vitali, tra le quali la digestione, la respirazione, la circolazione, il battito cardiaco ecc.

Formato da due cordoni nervosi situati ai lati della colonna vertebrale, si divide in:

- SIMPATICO
-PARASIMPATICO

A queste due strutture dobbiamo aggiungere il Sistema Nervoso Enterico

La figura mostra l'organizzazione generale del Sistema Nervoso Autonomo.
Il neurone pregangliare si puo' trovare sia nel cervello che nel midollo spinale e proietta ad un neurone che si trova esternamente al sistema nervoso centrale, in un ganglio autonomo.
La fibra postgangliare di questo neurone proietta poi all'organo bersaglio.

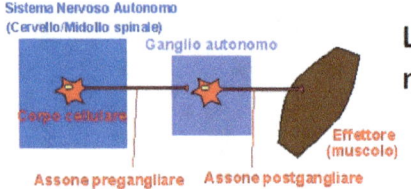

Notare che il Sistema Nervoso Somatico ha un solo neurone fra il sistema nervoso centrale e l'organo bersaglio, mentre il sistema nervoso autonomo utilizza due neuroni.

Questi due sistemi innervano i vari organi lavorando da antagonisti, in altre parole dove uno eccita l'altro deprime, e viceversa.

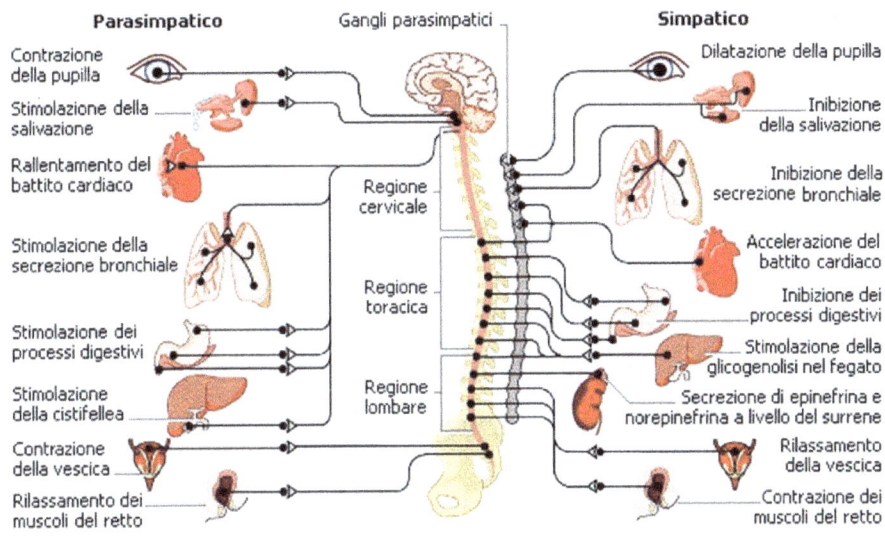

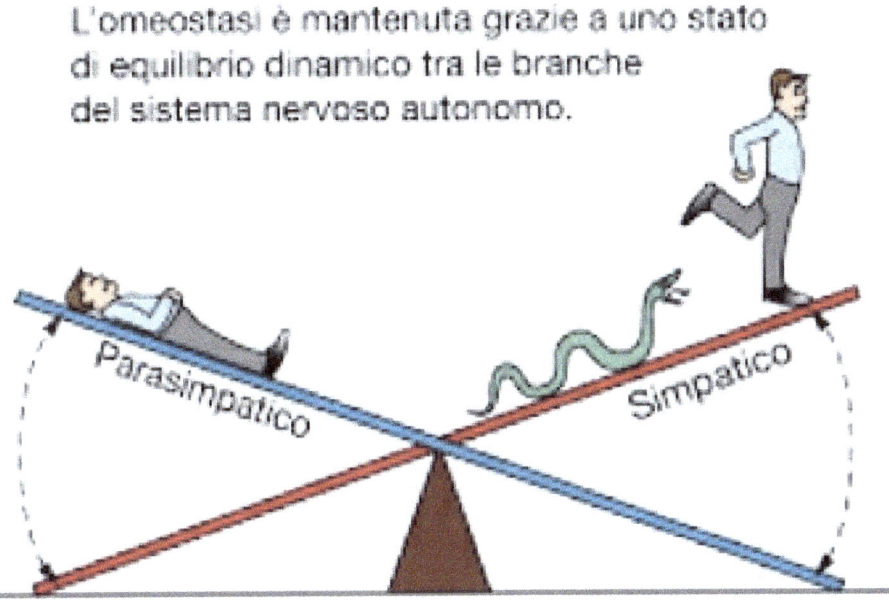

Riposo e digestione: prevale l'attività parasimpatica

Attacco o fuga: prevale l'attività simpatica

Il **Simpatico**, ad esempio, accelera il battito del cuore

mentre il **Parasimpatico** lo rallenta.

Il lavoro coordinato del Simpatico e del Parasimpatico consente il perfetto funzionamento dei nostri organi.

L'attività delle 2 sezioni, Simpatico e Parasimpatico, è integrata dall'Ipotalamo, il quale assicura che gli effettori viscerali rispondano in modo appropriato alle diverse situazioni.

Una via nervosa autonoma dal SNC ad un effettore viscerale consiste in 2 motoneuroni i quali formano un contatto sinaptico con un ganglio al di fuori del SNC.

Il primo neurone è detto pregangliare il secondo postgangliare.

SISTEMA NERVOSO ENTERICO

Il **Sistema Nervoso Enterico** (o sistema metasimpatico) è una delle tre branche del SNA, *insieme al Sistema Nervoso Simpatico e al Sistema Nervoso Parasimpatico.*
Le funzioni dell'apparato digerente sono governate dal sistema nervoso enterico, situato all'interno degli organi del tubo digerente.

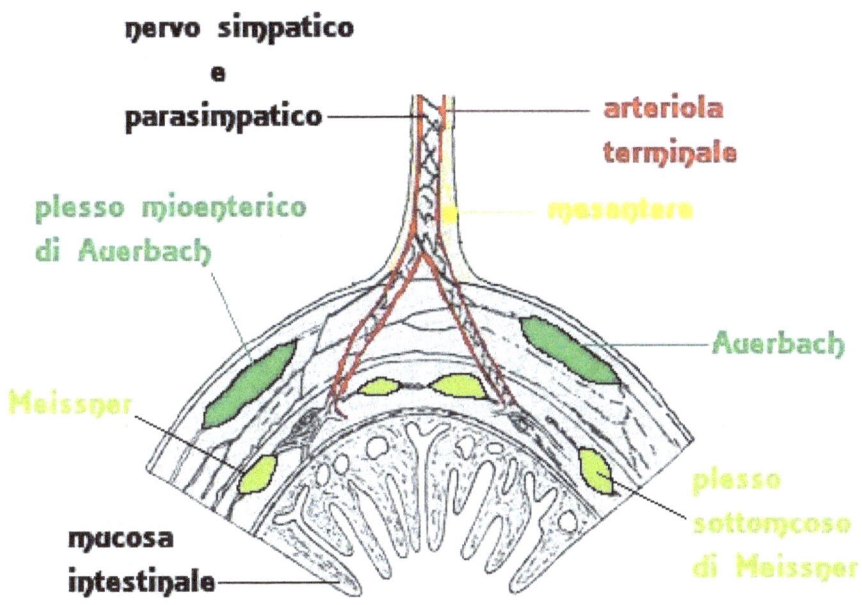

Il **Sistema Nervoso Enterico** è costituito da circa 500 milioni di neuroni nell'uomo (numero paragonabile a quelli che costituiscono il midollo spinale) suddivisi in circa venti classi funzionalmente distinte, da cui il nome di "**Secondo cervello**" o "**Cervello nello stomaco**").

E' per lo più indipendente dal Sistema Nervoso Simpatico e Parasimpatico.

Il Metasimpatico gode di un'autonomia unica in tutto il sistema nervoso periferico.

Sezionando le fibre del **Nervo Vago**, simpatiche e parasimpatiche a livello del tubo digerente, la funzionalità dello stesso rimane garantita e pressochè inalterata.

I neuroni del Sistema Nervoso Enterico si raggruppano in due plessi:

plesso sottomucoso di Meissner (regola soprattutto l'attività secretoria del tubo digerente)

plesso mienterico di Auerbach (controlla l'attività motoria gastrointestinale lungo tutta la sua Lunghezza)

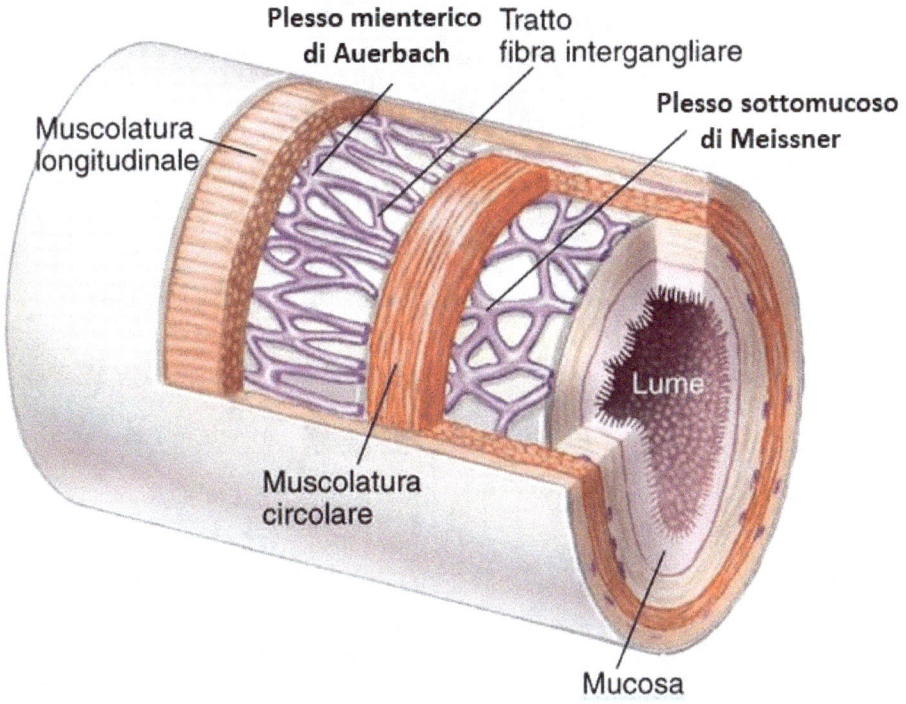

I Neurotrasmettitori consentono agli impulsi nervosi di attraversare le sinapsi.

L'**acetilcolina** è il neurotrasmettitore usato dai neuroni pregangliari (sia simpatici sia parasimpatici); esso è inattivato dalla colinesterasi nei neuroni postgangliari.

La maggior parte dei neuroni postgangliari parasimpatici liberano il trasmettitore **noradrenalina** inattivato dall'enzima catecol-o-metil tranferasi.

Una descrizione dettagliata del Sistema Nervoso Enterico si trova nel mio libro Cibo e Psiche.
https://www.amazon.it/dp/B0BBPXJWCF

DR. GABRIELE BURACCHI

APPENDICE NERVO VAGO

Data la particolare importanza del Nervo Vago (X), viene dedicato specificatamente un capitolo a questo nervo cranico.

Questo nervo è il decimo nervo cranico ed anche il più lungo del sistema nervoso autonomo nel corpo umano. Ovviamente ci sono 2 nervi vaghi, il destro e il sinistro, fondamentali per controllare le funzioni parasimpatiche viscerali di cuore, polmoni e apparato digerente.

Ha anche funzioni motorie per alcuni muscoli della laringe e della faringe.
Conduce al sistema centrale informazioni sensitive gustative e informazioni sensitive generali dai visceri addominali e toracici.

Anche se il vago controlla maggiormente il sistema parasimpatico, svolge anche una funzione simpatica attraverso i chemiocettori periferici.

Una condizione piuttosto comune che affligge il nervo vago è la *sindrome vaso-vagale* (o crisi vasovagale), scatenata quando l'organismo reagisce in modo eccessivo a specifici fattori scatenanti (vista del sangue, emozione intensa, ...) riducendo improvvisamente la frequenza cardiaca e la pressione del sangue.

La conseguenza è una riduzione del sangue al cervello e successivo svenimento.

La sincope vasovagale è solitamente innocua e non richiede terapie, ma il paziente corre il rischio di traumi e ferite nel momento della perdita di conoscenza.

ANATOMIA

Il nervo vago si origina da quattro nuclei situati nel midollo allungato:

- Il **nucleo spinale del trigemino**, che riceve informazioni sensitive dall'orecchio esterno, dalla dura della fossa cranica posteriore e dalla mucosa della laringe.

- Il **nucleo solitario**, che riceve informazioni sensitive gustative e dagli organi viscerali toracici e addominali.

- Il **nucleo dorsale del nervo vago**, che emette fibre parasimpatiche per i visceri.

- Il **nucleo ambigu**o, che origina fibre motorie efferenti branchiali per i muscoli della laringe e della faringe e fibre viscerali parasimpatiche per il cuore.

Le fibre del vago originano dal solco posterolaterale del bulbo e lasciano il cranio attraverso il forame giugulare, insieme all'IX e al XI paio di nervi cranici.

Decorre quindi lungo il fascio neuro-vascolare del collo compreso nella guaina carotidea, tra l'arteria carotide interna e la vena giugulare interna fino ad arrivare alla base del collo.
Durante questo percorso invia rami al palato, alla faringe e alla laringe.

Quando arriva al torace lascia il fascio neuro-vascolare e decorre in maniera diversa a destra e a sinistra.
A **sinistra** decorre davanti all'esofago dando vita al plesso polmonare sinistro ed al plesso esofageo

anteriore.

A livello del torace forma importanti rami per innervare cuore, polmoni ed esofago.

A **destra** scende in contatto con l'arteria anonima e la vena cava superiore, mentre a sinistra è aderente all'arco aortico.

Continuando il suo decorso si porta dietro agli ili polmonari e, a destra, prosegue dietro all'esofago, formando il plesso polmonare destro ed il plesso esofageo posteriore,

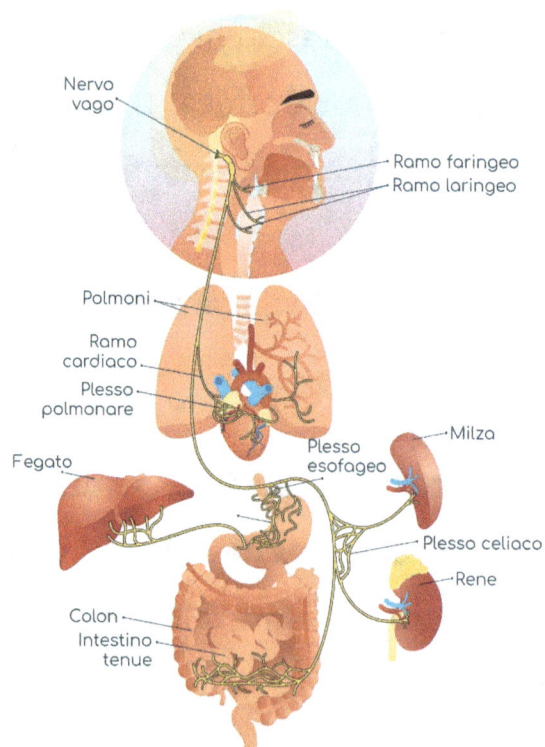

In vicinanza del diaframma i due plessi esofagei formano i due tronchi vagali, anteriore e posteriore, che entrano nella cavità addominale attraverso lo iato esofageo.

Nella cavità addominale il tronco vagale posteriore, formato principalmente da fibre del nervo vago di destra, forma il plesso gastrico posteriore, mentre il tronco vagale anteriore, che deriva principalmente dal vago di sinistra, presso la piccola curvatura gastrica forma il plesso gastrico anteriore.

Il plesso gastrico posteriore continua poi dando luogo al ramo celiaco fino a giungere al ganglio celiaco di destra, dove arriva anche il nervo grande splancnico.

I due nervi formano l'*ansa memorabile o di Wrisberg*.

-Il ramo celiaco manda rami anastomotici a diversi plessi, tra cui quello epatico, renale, surrenale, splenico e mesenterico superiore.
Il plesso gastrico anteriore invece innerva, oltre lo stomaco, anche duodeno e testa del pancreas.

FUNZIONI

Da quanto detto appare evidente le molte funzioni di

Vago che possono essere suddivise in:

Parasimpatica, per la muscolatura liscia dei visceri toracici e addominali, con particolare importanza per il cuore.

Questa è la funzione più importante.

Il sistema nervoso parasimpatico costituisce il sistema nervoso autonomo, congiuntamente con il sistema nervoso simpatico, con cui si regola le funzioni involontarie dell'organismo.

Tra le principali funzioni del vago abbiamo:

-**Riduzione** della frequenza cardiaca **(bradicardia)**,

 -**Aumento** delle secrezioni dellapparato digerente (salivare, gastrica, pancreatica, biliare e intestinale),

 -**Incremento** della peristalsi intestinale cosa che favorisce la digestione,

 -**Contrazione** dei muscoli bronchiali,

 -**Dilatazione** dei vasi arteriosi innervati (vasodilatazione);

-**Sensitiva somatica generale**: raccoglie le informazioni sensitive somatiche generali dalle meningi provenienti da una zona cutanea del padiglione auricolare e dalla mucosa della faringe e della laringe

-**Sensitiva viscerale generale**: porta le informazioni sensitive viscerali generali dalla laringe, dalla parte inferiore della trachea, dell'esofago, dagli organi toracici e addominali e dal seno e glomo carotideo.

-**Sensitiva viscerale speciale**: trasporta informazioni gustative dalla radice della lingua.

-**Motrice branchiale**: il nervo vago controlla i seguenti muscoli:

--elevatore del palato,

--salpingofaringeo,

--palatofaringeo,

--costrittori della faringe,

--muscoli intrinseci della faringe,

--palatoglosso.

Infiammazione del nervo vago

In determinati casi il Vago può infiammarsi originando una serie di disturbi.

Le principali cause all'origine dell'infiammazione del nervo vago sono di natura

-psico-sociale, come lo stress o l'ansia

-alimentare

-muscolo scheletrica (artrosi cervical)

I **sintomi più comuni** con cui si presenta l'infiammazione del nervo vago sono:

-nausea e vomito, spesso associati

- vertigini e mal di testa
- tachicardia
- acidità e problemi di stomaco
- pallore
- eccessiva sudorazione,
- sensazione di svenimento

Non sempre è facile diagnosticare l'infiammazione del nervo vago dato che i sintomi sono molto aspecifici e simili a quelli di altre patologie.

ALCUNI LIBRI PUBBLICATI SU AMAZON

Conoscere il proprio corpo. Anatomia umana
vol. 1
vol. 2
vol. 3
vol. 4
vol. 5
vol. 6

Invecchiare rimanendo giovani

Prostata. Istruzioni per l'uso (edizioni anche in inglese, francese e spagnolo)

Te la dò io la dieta Zona (edizioni anche in inglese, francese e spagnolo *collana Dieta Zona*

Panciosità. Manuale di amicizia con il cibo.

Combatti Stress, Ansia, Depressione (edizione anche inglese)

DR. GABRIELE BURACCHI

Memorie di un Nutrizionista. I miei casi clinici

Di dieta in dieta. Tutte le diete che servono.

Mangiare bene per vivere in salute

Stress

Una storia d'amore. Romanzo storico

CIOCCOLATO. cibo o droga? Forse entrambe le cose ! Origine, storia, botanica del cioccolato, sue proprietà nutrizionali, terapeutiche e psicoattive.

COSA E' IL GRASSO? A COSA SERVE? COME AVERE SOLO QUELLO NECESSARIO? *collana Dieta Zona*

BLOCCO E BLOCCHETI DELLA DIETA ZONA SPIEGATI FACILI *collana Dieta Zona*

CONOSCERE IL PROPRIO CORPO. ANATOMIA UMANA VOL.6

DIETA PALEO IN ZONA *collana Dieta Zona*

CIBO E PSICHE. Alimentazione un fenomeno PSICOBIOLOGICO: Come gli alimenti e le nostre idee influenzano le nostre scelte alimentari e come ciò che mangiamo modifica la nostra Psiche

DR. GABRIELE BURACCHI

I MIEI LIBRI SU AMAZON IN LINGUA ITALIANA

LI puoi trovare   QUI

Se sei interessato/a ad una corretta alimentazione visita il mio sito

www.dietazonaonline.com

DR. GABRIELE BURACCHI

se mi vuoi scrivere
g.buracchi@gmail.com